电工基础技能与训练

周继功　翟　全　主　编
闫全龙　　副主编

U0305573

南开大学出版社

天　津

图书在版编目(CIP)数据

电工基础技能与训练/ 周继功，翟全主编. 一天津：
南开大学出版社，2014.5
ISBN 978-7-310-04495-5

Ⅰ. ①电… Ⅱ. ①周… ②翟… Ⅲ. ①电工学一中
等专业学校一教材 Ⅳ. ①TM1

中国版本图书馆 CIP 数据核字(2014)第 098967 号

南开大学出版社出版发行
出版人：孙克强
地址：天津市南开区卫津路 94 号 邮政编码：300071
营销部电话：(022)23508339 23500755
营销部传真：(022)23508542 邮购部电话：(022)23502200

*

唐山天意印刷有限责任公司印刷
全国各地新华书店经销

*

2014 年 5 月第 1 版 2014 年 5 月第 1 次印刷
240×170 毫米 16 开本 15 印张 266 千字
定价：29.00 元

如遇图书印装质量问题,请与本社营销部联系调换,电话：(022)23507125

编写指导委员会

序　言

　　在我国进行社会主义经济体制改革和实现现代化建设战略目标的关键时期，中等职业教育如何适应新时期的发展需要？如何更好地培养数以亿计的、能在各行各业进行技术传播和技术应用的、具有创新精神和创业能力的高素质劳动者和中、高级专门人才？这是我们所有职教人必须面对的共同命题。

　　我校六十年的教学改革实践证明，课程改革是教育教学改革的核心，是改变中等职业教育理念、改革中等职业教育人才培养模式、提高中等职业教育教学质量、全面推进素质教育的突破口，而教材建设正是课程改革的关键点。那么，如何推进中等职业学校的教材建设？这不单是教育行政部门、研究部门的工作，更应是广大中职学校、教师的使命。

　　因此，我们必须认真研究中职学校的课程教材现状，探究专业诉求和发展前景，设置有中职特色的课程标准和新课程体系，开展有中职特色的教材编写。

　　本系列教材是我校在开展国家示范校建设的大背景下，结合自身教育教学改革实际，开创性编写的适用于学校发展特点的一套丛书。它紧跟时代发展，紧贴企业需求，对接行业职业标准和职业岗位能力，符合五个重点专业的教学建设要求，突出工学结合培养模式，强调教、学、做一体化内容，更加符合学生的认知规律，整体上突显了技工院校的办学特色。

　　与传统教材相比，本系列丛书更强调新知识、新技术、新工艺、新方法的运用。在编写形式上，打破了以文字表述为主的枯燥形式，添加了生动形象的图片资料，教材更显立体化、数字化、多样化。

　　看到这套丛书的付梓出版，我很激动。因为这项科学的课程改革工作，凝结了我校教育工作者的辛勤汗水，浸润着全体教师的拳拳赤子之情。在此，我谨向本系列丛书的编者表示诚挚的谢意，感谢你们对学校的发展做出的突出贡献！

　　最后，衷心道一声：你们辛苦了！

吴兴民

2013 年 12 月

前　言

　　为贯彻《国务院关于大力发展职业教育的决定》精神，落实《教育部关于进一步深化中等职业教育教学改革的若干意见》中关于"加强中等职业教育教材建设，保证教学资源基本质量"的要求，确保新一轮中等职业教育教学改革顺利进行，全面提高教育教学质量，保证高质量教材进课堂，教育部对中等职业学校德育课、文化基础课等必修课程和部分大类专业基础课程教材进行了统一规划与组织编写。本书是中等职业教育课程改革国家规划新教材之一，是根据教育部发布的《中等职业学校电工技术基础与技能教学大纲》，同时参考了有关的职业资格标准或行业职业技能鉴定标准编写的。

　　本书主要内容包括职业感知与安全用电、简单直流电路故障检测与测量、复杂直流电路故障检测与测量、单相正弦交流电路、三相正弦交流电路、小型单相交流变压器的检修、三相异步电动机的拆装、照明电路的安装与检修。

　　本书从学生全面发展出发，培养其专业能力、方法能力与社会能力，力争达到如下目标：使学生掌握电类专业必备的电工技术基础知识和基本技能，具有分析和处理生产与生活中一般电工问题的基本能力，具备继续学习后续电类专业课程的学习能力，为获得相应的职业资格证书打下基础。同时培养学生的职业道德与职业意识，提高学生的综合素质与职业能力，增强学生适应职业变化的能力，为学生职业生涯的发展奠定基础。

　　本书编写模式新颖，体现"做中学、做中教"的职业教育特色，做到了理实一体。编写过程中力求体现以下特点：

　　1. 紧密切合新大纲，降低理论知识难度，通过对电气电力类专业岗位群的充分调研和分析，严谨地确定教学内容。除了基础模块以外，又选取了三相交流电路、变压器等该类专业从业人员必须掌握的选学内容。体现够用、实用的原则。注重内容的趣味性、通用性、实用性和先进性，尽可能多地采用新知识、新器件和新工艺，且选取的案例与日常生活、生产劳动和社会实践紧密联系。

　　2. 突出"做中学、做中教"的职业教育特色，提倡多元评价体系。学做结合，整合基础理论知识与基本技能内容，充分协调学生知识、能力、素质培养三者之间的关系。

　　3. 编写风格生动活泼、图文并茂，语言精练、通俗易懂。书中配有大量实物照片及案例图解，设置小提示、小技巧、知识拓展、小制作、知识问答、专业英语词汇、科学常识等培养动手能力和拓宽知识面的小模块，提高学生的学习兴趣。

4.重视安全文明生产、规范操作等职业素质的形成，注意节约能源、节省原材料与爱护工具设备、保护环境等意识与观念的树立，与职业技能鉴定和技能大赛相衔接。

5.立体化配套齐全。为教师教学与学生自学提供较为全面的支持。

本书建议教学学时数如下表，考虑到不同地区、不同条件、不同学生的差异，具体学时数可自行调整。

内　容	教学学时	内　容	教学学时
职业感知与安全用电	16	三相正弦交流电路	16
简单直流电路故障检测与测量	30	小型单相交流变压器的检修	32
复杂直流电路故障检测与测量	30	三相异步电动机的拆装	16
单相正弦交流电路	48	照明电路的安装与检修	64

本书由河北省北方机电工业学校编写。编写过程中，编者参阅了国内外出版的有关教材和资料，引用了众多电气工作者和电工师傅提供的成功经验，在此向他们表示诚挚的谢意！

由于编者水平有限，书中不要之处在所难免，恳请读者批评指正。

编　者

2013 年 12 月

目　录

单元 1

职业感知与安全用电

学习导入

在采取必要的安全措施的情况下使用和维修电工设备。电能是一种方便的能源，它的广泛应用形成了人类近代史上第二次技术革命，有力地推动了人类社会的发展，给人类创造了巨大的财富，改善了人类的生活。

1. 学习目标

1）知识目标

（1）了解电工实训室安全用电常识及电源配置情况。

（2）熟悉电工实训室的规章制度。

2）能力目标

（1）认识常用电工仪表和电工工具，能识读仪表的表面标记。

（2）能够进行触电急救。

3）培养目标

（1）培养学生的职业技术规范意识和严谨求实的工作作风。

（2）培养学生树立安全意识，节能意识。

2. 学习项目

项目 1：体验实训室

项目 2：安全用电工具

项目 3：安全用电操作

项目 1 体验实训室

项目目标

1.知识目标

●熟悉实训室规则，实验实训须知。

●了解实训时电源配置情况。

●了解常用电工工具和电工仪器、仪表种类。

2.能力目标

●认识常用电工工具和电工仪表。

●熟悉电工实训台的配置。

3.培养目标

●培养学生的职业技术规范意识和严谨求实的工作作风。

●培养学生树立安全意识，节能意识。

项目描述

通过参观电工实训室，了解实训室规则，实验实训须知及实训室电源的配置情况；认识常用电工工具和常用电工仪器仪表，并通过师生互动来完成学习任务。

1. 电工实训室

实训室是进行理实一体化教学、提高学生实践技能的教学实习场所。尽管各校的电工实训室配置不同，但其基本功能大体一致。现以某校电工实训室为例，如图 1-1 所示，简要介绍电工实训台的电源配置、常见电工工具及仪器仪表。

2. 实训室电源

电工实训室中多是三相电源供电，实验台提供的交流电源，有三相四线制电源和三相五线制电源两种。三相四线制是三根相线（U、V、W），一根中性线（N）。三相五线制电源比三相四线制电源多了一根地线（PE）。如图 1-2 所示，分别为三相四线制控制面板和三相五线制控制面板。

图 1-1　电工实训室

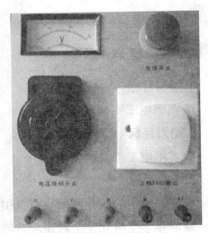

（a）三相四线制　　　　　　　　　　（b）三相五线制

图 1-2　电工实训室电源

3. 常用仪器仪表

简单认识一下电工实训常用仪器仪表如图 1-3 所示。

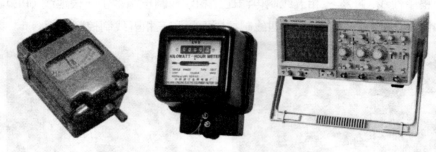

图 1-3 电工实训常用仪器仪表

项目 2 安全用电工具

项目目标

1.知识目标
●熟悉电工实训室规章制度。

2.能力目标
●常用电工工具的使用。

3.培养目标
●培养学生的职业技术规范意识和严谨求实的工作作风。

●培养学生树立安全意识，节能意识。

项目描述

通过学习知道常用电工工具的使用，了解实训室规则，了解实验实训须知，并通过师生互动来完成学习任务。

任务 1 认识常用的电工工具

常用电工工具如图 1-4 所示。

图1-4　常用电工工具

任务2　常用电工工具的使用

1. 试电笔

使用时，必须手指触及笔尾的金属部分，并使氖管小窗背光且朝向自己，以便观测氖管的亮暗程度，防止因光线太强造成误判断，其使用方法见图1-5所示。

图1-5　试电笔的使用

当用电笔测试带电体时，电流经带电体、电笔、人体及大地形成通电回路，只要带电体与大地之间的电位差超过60V时，电笔中的氖管就会发光。低压验电器检测的电压范围为60～500V。

大师点睛

　　使用前，必须在有电源处对验电器进行测试，以证明该验电器确实良好，方可使用。

　　验电时，应使验电器逐渐靠近被测物体，直至氖管发亮，不可直接接触被测体。

　　验电时，手指必须触及笔尾的金属体，否则带电体也会误判为非带电体。

　　验电时，要防止手指触及笔尖的金属部分，以免造成触电事故。

2. 电工刀

图1-6　电工刀

在使用电工刀时：

不得用于带电作业，以免触电。

应将刀口朝外剖削，并注意避免伤及手指。

剖削导线绝缘层时，应使刀面与导线成较小的锐角，以免割伤导线。

使用完毕，随即将刀身折进刀柄。

3. 螺丝刀

使用螺丝刀时：

螺丝刀较大时，除大拇指，食指和中指要夹住握柄外，手掌还要顶住柄的末端以防施转时滑脱。

螺丝刀较小时，用大拇指和中指夹着握柄，同时用食指顶住柄的末端用力旋动。

螺丝刀较长时，用右手压紧手柄并转动，同时左手握住起子的中间部分（不可放在螺钉周围，以免将手划伤），以防止起子滑脱。

大师点睛

① 带电作业时，手不可触及螺丝刀的金属杆，以免发生触电事故。
② 作为电工，不应使用金属杆直通握柄顶部的螺丝刀。
③ 为防止金属杆触到人体或邻近带电体，金属杆应套上绝缘管。

4. 钢丝钳

钢丝钳在电工作业时，用途广泛。钳口可用来弯绞或钳夹导线线头，齿口可用来紧固或起松螺母，刀口可用来剪切导线或钳削导线绝缘层，侧口可用来铡切导线线芯、钢丝等较硬线材。

大师点睛

使用前，检查钢丝钳绝缘是否良好，以免带电作业时造成触电事故。

在带电剪切导线时，不得用刀口同时剪切不同电位的两根线（如相线与零线，相线与相线等），以免发生短路事故。

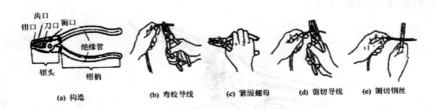

图 1-7　使用钢丝钳注意事项

5. 尖嘴钳

尖嘴钳因其头部尖细，适用于在狭小的工作空间操作。

尖嘴钳可用来剪断较细小的导线；可用来夹持较小的螺钉、螺帽、垫圈，导线等；也可用来对单股导线整形（如平直，弯曲等）。若使用尖嘴钳带电作业，应检查其绝缘是否良好，并在作业时金属部分不要触及人体或邻近的带电体。

图 1-8　尖嘴钳

6. 斜口钳

专用于剪断各种电线电缆。对粗细不同，硬度不同的材料，应选用大小合适的斜口钳。

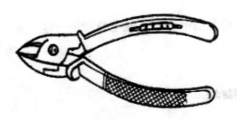

图 1-9　斜口钳

7. 剥线钳

剥线钳是专用于剥削较细小导线绝缘层的工具，其外形如图 1-10 所示。

使用剥线钳剥削导线绝缘层时，先将要剥削的绝缘长度用标尺定好，然后将导线放入相应的刀口中（比导线直径稍大），再用手将钳柄一握，导线的绝缘层即被剥离。

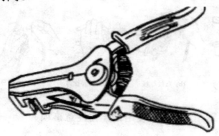

图 1-10　剥线钳

项目 3　安全用电操作

项目目标

1.知识目标

● 了解保护接地的原理。

● 掌握保护接零的方法，了解其应用。

● 了解电气安全操作规程，会保护人身与设备安全，防止发生事故。

2.能力目标

● 初步掌握触电现场的处理方法。

3.培养目标

● 培养学生安全用电意识及触电急救的方法。

项目描述

对安全用电的基本规则进行认识，了解保护接地和保护接零操作，并介绍了相关的安全用电须知和触电急救。

任务 1　安全用电操作

1. 电工实训室规则

（1）进入实训室的一切人员，必须严格遵守实训室的各项规章制度。

（2）在实训室进行实验实训，必须根据教学和计划任务书的要求，经实训室统一安排后方可进行。

（3）一切无关人员，不得随意进入实训室使用实训室仪器仪表和设备工具。

（4）实验实训期间使用仪器仪表和设备工具，要严格遵守操作规程。

（5）实验实训期间，如仪器仪表和设备工具发生故障和意外事故，应立即停止实验或实训，并及时报告任课教师或实训教师，以便采取必要的处理措施。

（6）实训室内禁止随地吐痰，保持整洁美观。离开实训室前，应打扫工作场地，交接仪器，经实训室工作人员同意后方能离开。

（7）要严格遵守安全、防火等各项措施。

2. 电工实验实训须知

（1）遵守纪律，不迟到、不早退、不无故缺席，服装整洁。

（2）每次上课带好书、笔记本和笔，并将其纳入平时成绩考核。不准将与本课程无关的物品带进实训室。

（3）实训室内保持安静、整洁，不得高声喧哗和打闹，不吃零食，不准吸烟，随地吐痰，乱丢纸屑杂物。

（4）实验实训前认真预习实训指导书及有关理论知识，做好相关准备。

（5）实验实训前，认真听取任课教师对实验实训原理的讲解及有关仪器仪表、设备工具的使用方法和注意事项。

（6）实验实训时必须注意人身安全，并做到节约用电。

（7）实验实训时必须严格遵守仪器设备的操作规程，服从任课教师和实训指导教师的指导，严肃认真，仔细观察和记录实验数据。

（8）接线时，绝对不允许带电操作。线路接好后先让教师进行检查，正确后再接通电源，不得私自通电。否则后果自负。

（9）对于操作过程中不慎损坏实训用具及设施的，应按规定酌情赔偿；对于恶意或故意损坏实训用具及设施的，则应加倍赔偿并按学校规定给予纪律处分。

（10）若发现异常现象（声响、发热、焦臭等）时应立即断开电源，不要惊慌，保持现场，并及时报告教师，待查明原因或排除故障后，方可继续实训项目。若造成仪器设备损坏，需如实填写事故报告单。

（11）爱护仪器仪表和工具设备。实验实训中仪器仪表或工具设备若发生故障或出现异常时，应及时报告教师处理，不准擅自摆弄。不准将仪器仪表、工具设备等带出实训室外。搬动仪器仪表和工具设备时，必须轻拿轻放，并保持其表面清洁。

（12）非本次实验实训使用的仪器仪表和工具设备，未经教师允许不得动用。

（13）实验实训完毕后，需经教师检查数据正确后再拆线。拆线时，必须先断开电源，然后再拆线，绝对不允许带电拆线，否则后果自负。

（14）拆线后，整理导线并清理实训台及周围环境；将仪器仪表、工具设备等复位；填好实验实训记录本，经教师签字后方可离开。

3. 电工实训室安全操作规程

（1）进入电工实训室必须穿戴好工作服和电工鞋。

（2）操作前，先对工具的绝缘手柄及各类仪表的可靠性进行仔细检查。

（3）严格按电气技术操作规范进行操作。

（4）通电前，必须用仪器、仪表进行测量。

（5）通电时，必须在指导教师监护下进行，如有异常，必须立即切断电源。

（6）实训结束后，要切断总电源。

4. 电工实训室使用规则

（1）按指定工位进行操作训练，未经允许，不得离开工位。

（2）操作前，必须检查所需的元器件是否完好无损，如有破损，立即报告。

（3）严格遵守安全操作规程。

（4）文明生产，工具、器件有序放置。

（5）未经指导教师同意，不得擅自操作电源开关。

（6）实训场地严禁大声喧哗、随意走动，进出实训场地要向指导教师报告。

（7）认真填写实训室使用记录单。

（8）实训结束后，全面清扫场地，关好门窗。

任务 2　保护接地

1. 保护接地的概念

所谓接地，就是将设备的某一部位经接地装置与大地紧密的链接起来。

2. 保护接地的分类

1）工作接地

如图 1-11 所示，正常情况下有电流通过，利用大地代替导线。或者正常情况下没有或只有很小的不平衡电流流过，用以维持系统安全运行。

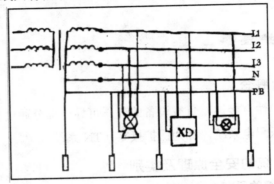

图 1-11　工作接地

2）保护接地

如图 1-12 所示，正常情况下没有电流流过，起防止事故的作用。

图 1-12　保护接地

实例展示

电动机、变压器、电器、携带式或移动式用电器具的金属外壳和底座。

（1）电气设备的传动装置。

（2）屋内外配电装置的金属或钢筋混凝土构架。

（3）交直流电力电缆的金属接头盒，终端头和膨胀器的金属外壳以及电缆的金属护层。

（4）电缆桥架、支架和井架。

（5）装有避雷线的电力线路杆架。

（6）电除尘器的构架。

（7）电热设备的金属外壳。

（8）控制电缆的金属护层。

（9）封闭母线的外壳及其他裸漏的金属部分。

任务 3 保护接零

1. 保护接零的概念

电源系统中性点接地，负载设备的外露可导电部分通过保护线连接到此接地点的低压配电系统，称为保护接零（TN 系统）。

2. 保护接零系统的安全原理及类别

1）保护接零的原理

如图 1-13 所示，当某相带电部分碰壳时，通过设备外壳形成该相对零线的单相短路，短路电流能促使线路上的短路保护元件迅速动作，从而把故障部分设备断开电源，消除电击危险。

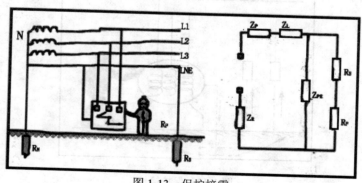

图 1-13 保护接零

2）TN 系统的分类（表 1-1）

表 1-1　TN 系统的分类

类别	图例	说明
TN-S 系统		保护零线与工作零线完全放开
TN-C-S 系统		干线部分的前一部分保护零线与工作零线共用
TN-C 系统		干线部分保护零线与工作零线完全共用

3. 保护接零系统的应用范围

　　TN-S 系统可用于有爆炸危险、火灾危险性较大或安全要求较高的场所,适用于独立附设变电站的车间。TN-C-S 系统宜用于场内设有总变电站,场内低压配电的场所及民用楼房。TN-C 系统可用于五爆炸危险、火灾危险性不大、用的设备较少、用电线路简单且安全条件较好的场所。

任务 3　安全用电须知以及触电急救

1. 安全用电须知

　　现代生活中,电已经是不可或缺的能源。但如果不了解安全用电常识,很容易造成电器损坏,引发电气火灾,甚至带来人员伤亡。所以说"安全用电，性命攸关"。

（1）不要超负荷用电，破旧电源线应及时更换，空调器、烤箱、电热水器等大功率用电设备应使用专用线路。

（2）严禁用铜丝、铁丝、铝丝代替熔断器熔丝，要选用与导线负荷相适应的熔丝，不可随意加粗。

（3）必须安装防止漏电的剩余电流动作保护器（俗称漏电保护器），并定期检验其灵敏度。保护器动作后，必须查明原因，排除故障后再合上。禁止拆除或绕越漏电保护器。

（4）不能用湿手拔、插电源插头更不要用湿布擦带电的灯头、开关、插座等。

（5）不能使用"一线一地"的方法安装电灯。

（6）家用电器与电源连接，须采用可断开的开关或插头，不可将导线直接插入插座孔。

（7）不要拉着导线拔插头甚至移动家用电器，移动电器时一定要断开电源。

（8）要正确接地线。不要把地线接在水管、煤气管上。也不要接在电话线、广播线、有线电视线上。

（9）发热电器的周围不能放置易燃、易爆品（如煤气、汽油、香蕉水等）、电器用完后应切断电源，拔下插头。

（10）严禁私设防盗、狩猎、捕鼠的电网和用电捕鱼。

（11）铺设电线和接装用电设备，安装、修理电器，要找具有相应资质的单位和人员，不要自行盲目安装或请无资质的单位和人员来操作。

（12）雷雨时，尽量不使用收音机、电视机等，且拔出电源插头和电视机天线插头。

2. 触电急救

1）急救的要点

抢救迅速救护得法。触电急救必须分秒必争，并坚持不断地进行，同时及早与医疗部门取得联系，争取医务人员接替救治。

2）解救触电者脱离电源的方法

拉、切、挑、拽、垫。

拉：附近有电源开关或插座时，应立即拉下或拔掉电源插头，如图1-14。

图 1-14　拉

切：若一时找不到电源开关时，应迅速用绝缘完好的钢丝钳剪断电线，以断开电源，如图 1-15 所示。

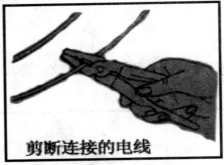

图 1-15　切

挑：对于由导线绝缘损坏造成的触电，急救人员可用绝缘工具或干燥的木棍将电线挑开，如图 1-16 所示。

图 1-16　挑

拽：抢救者可戴上手套或手上包缠干燥的衣服等绝缘物品单手托拽触电者，如图 1-17 所示。

图 1-17　拽

垫：对于被电线缠绕的触电者，必须现给触电者垫上绝缘物，再脱离电源。

3）触电急救

（1）简单诊断

将脱离电源的触电者迅速移至通风、干燥处，将其卧仰，松开上衣和裤带，如图 1-18 所示。

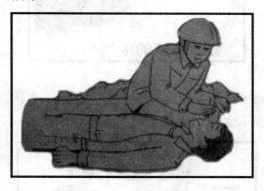

图 1-18　简单诊断

观察触电者的瞳孔是否放大。当处于假死状态时，人体大脑严重缺氧，处于死亡边缘，瞳孔自行放大，如图 1-19 所示。

观察有无呼吸，摸一摸颈动脉有无搏动，如图 1-20 所示。

（2）口对口人工呼吸法

对于有心跳无呼吸者，采用口对口人工呼吸法：

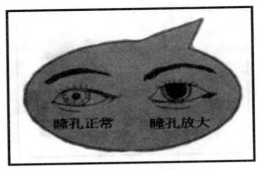

图 1-19　观察瞳孔

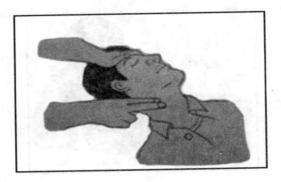

图 1-20　摸搏动

　　将触电者仰天平卧、颈部垫软物，头部偏向一次，松开衣服和裤带，清除触电者口中的血块、假牙等异物。抢救者跪在病人的一边，将触电者鼻孔朝天后仰，如图 1-21 所示。

图 1-21　鼻孔朝天后仰

　　用一只手触电者的鼻子，另一只手托在触电者颈部后，将颈部上抬，深深吸一口气，用嘴紧贴触电者的嘴，大口吹气，如图 1-22 所示。

　　然后放松捏鼻子的手，让气体从触电者肺部排出，如此反复进行，每 5 秒吹气一次，直到触电者苏醒，如图 1-23 所示。

图 1-22 吹气

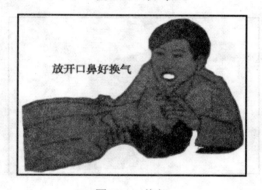

图 1-23 换气

（3）胸外心脏挤压法

对有呼吸无心跳者，采用胸外心脏挤压法：

将触电者仰卧在硬板上或地上，颈部枕垫软物使头部后仰，松开衣服和裤带，急救者跪跨在触电者腰部，如图 1-24 所示。

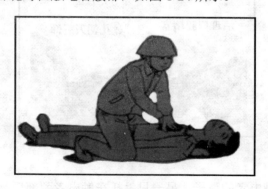

图 1-24 胸外心脏挤压

急救者将右手掌根部按于触电者胸骨下二分之一处，中指指尖对准其颈部凹陷的下缘，左手掌压在右手背上，如图 1-25 所示。

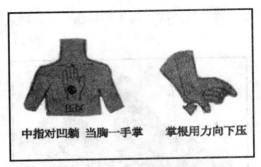

图 1-25　按压位置

掌根用力下压 3-4cm，然后突然放松。挤压与放松的动作要有节奏，每分钟 100 次为宜，不可中断，如图 1-26 所示。

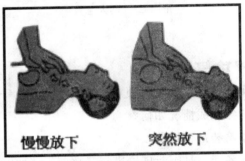

图 1-26　按压方式

（4）口对口人工呼吸+胸外心脏挤压法

对于呼吸和心跳都停止者应同时采用口对口人工呼吸和胸外心脏挤压法：

一人急救：两种方法应交替进行，既吹气 2 次，再挤压心脏 15 次，切速度都应快些，如图 1-27 所示。

图 1-27　一人急救

两人急救：每 5 秒吹气一次，每 1 秒挤压一次，两人同时进行，如图 1-28 所示。

图 1-28　两人急救

 学习评价与反馈

1.我是按照实训室规章制度和须知做的吗？

2.我的实训任务完成情况如何？

3.校服或工作着装是否规范？

4.完成实训任务后，是否对环境进行了整理、清扫？

单元 2

简单直流电路故障检测与测量

学习导入

直流电流只会在电路闭合时流通，而在电路断开时完全停止流动。在电源外，正电荷经电阻从高电势处流向低电势处，在电源内，靠电源的非静电力的作用，克服静电力，再把正电荷从低电势处"搬运"到达高电势处，如此循环，构成闭合的电流线。所以，在直流电路中，电源的作用是提供不随时间变化的恒定电动势，为在电阻上消耗的焦耳热补充能量。

1. 目标

1）知识目标

（1）了解电路组成的基本要素，理解电路模型。

（2）理解参考方向的含义和作用，会应用参考方向解决电路中的实际问题。

（3）理解电流、电压和电功率，并能进行简单计算。

（4）了解电阻器及其参数，会计算导体电阻。

（5）了解电阻元件电压与电流的关系，掌握欧姆定律。

2）能力目标

（1）会识读简单电路图，会根据简单的实物电路画出电路图。

（2）能识别常用、新型电阻器，会识读色环电阻；会用万用表测量电阻值。

（3）会使用直流电压表、直流电流表和万用表测量电路中的电压和电流。

（4）能对电阻性电路进行故障检查。

3）培养目标

（1）培养学生分析、计算电路基本物理量的能力。

（2）培养学生的沟通能力、团队合作意识和创新意识。

2. 项目

项目 1：电路组成与电路模型

项目 2：电路的基本物理量及其测量

项目 3：电阻

项目 4：欧姆定律

项目 1　电路组成与电路模型

项目目标

1.知识目标

● 了解电路组成的基本要素，理解电路模型。

2.能力目标

● 会识读简单电路图，会根据简单的实物电路画出电路图。

3.培养目标

● 培养学生分析、计算电路基本物理量的能力。

● 培养学生的沟通能力、团队合作意识和创新意识。

项目描述

通过学习知道电路组成的基本要素，培养学生分析、计算电路基本物理量的能力，并通过师生互动来完成学习任务。

常用各种电源，常用各种导线，常用各种用电器、电机，演示如图 2-1所示的电路现象。

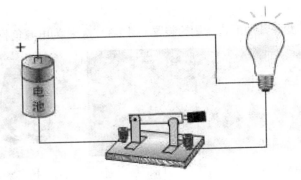

图 2-1　演示电路

任务 1　电路的组成

电路的组成：电源、用电器、导线、开关。

1. 电源

把其他形式的能量转化为电能的装置（图 2-2）。如：干电池、蓄电池等。

蓄电池

直流发电机

干电池

锂电池

图 2-2　常见电源

2. 用电器

把电能转变成其他形式能量的装置（图2-3），常称为电源负载。如电灯等。

电动机　　　　　　　　灯泡　　　　　　　　扬声器

图2-3　用电器

3. 导线

连接电源与用电器的金属线（图2-4）。

作用：把电源产生的电能输送到用电器。

单芯硬导线　　　　　　　　　　　电缆线

图2-4　导线

4. 开关

起到把用电器与电源接通或断开的作用（图2-5）。

空气开关　　　　　　　　　开关

图2-5　开关

拓展学习

常见电池分类如图 2-6 所示。

（a）铅酸蓄电池

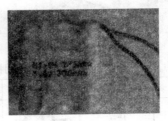

（b）镍氢电池

（c）锂电池

（d）太阳能电池

（e）燃料电池

（f）电动自行车锂电池

图 2-6   常见电池分类

任务 2   常用标准图形符号

用电气符号描述电路连接情况的图，称电路原理图，简称电路图（图 2-7）。常用标准图形符号参见表 2-1。

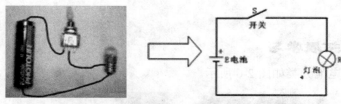

图 2-7 电路图

表 2-1 常用标准图形符号

图形符号	名称	图形符号	名称	图形符号	名称
／―	开关	―▭―	电阻器	⊥	接机壳
―十―	电池	―▨―	电位器	⏚	接地
Ⓖ	发电机	―十―	电容器	o	端子
⌇	线圈	Ⓐ	电流表	╋	连接导线 不连接 导线
⌒⌒	铁心线圈	Ⓥ	电压表	▭	熔断器
⌇⌇	抽头线圈	◁	扬声器	⊗	灯

任务 3　电路的状态

（1）通路状态：开关接通，构成闭合回路，电路中有电流通过，参见图 2-8（a）。

（2）断路状态：开关断开或电路中某处断开，电路中无电流，参见图 2-8（b）。

（3）短路状态：电路（或电路中的一部分）被短接，参见图 2-8（c）。

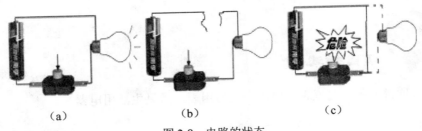

（a）　　　　　　　　（b）　　　　　　　　（c）

图 2-8　电路的状态

学习评价与反馈

1.连接电路时，我应注意避免_____。

2.电流流通的_____称为电路。

3.电路由_____、_____、_____和_____组成。

4.电路通常有以下三种状态：_____、_____和_____。其中时，电路中会有大电流，从而损坏电源和导线，应尽量避免。

项目 2　电路的基本物理量及其测量

项目目标

1.知识目标

●理解参考方向的含义和作用，会应用参考方向解决电路中的实际问题。

●理解电流、电压和电功率，并能进行简单计算。

2.能力目标

●会使用直流电压表、直流电流表和万用表测量电路中的电压和电流。

3.培养目标

●培养学生分析、计算电路基本物理量的能力。

●培养学生的沟通能力、团队合作意识和创新意识。

项目描述

项目准备：电流表、电压表、万用表、常见生活用电器

任务1 电流、电压、电位、电动势

1. 电流

1）电流的形成

电荷的定向移动形成电流。

2）电流的方向

习惯上规定正电荷的运动方向为电流的实际方向。因此电流的方向实际上与电子移动的方向相反。如图2-9所示。

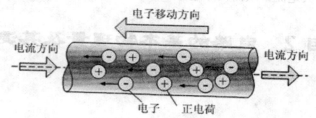

图2-9　电子移动方向与电流方向的关系

3）电流的参考方向

在分析和计算较为复杂的直流电路时，经常会遇到某一电流的实际方向难以确定的问题，这时可先任意假定电流的参考方向，然后根据电流的参考方向列方程求解。

如果计算结果 $I>0$，表明电流的实际方向与参考方向相同；

如果计算结果 $I<0$，表明电流的实际方向与参考方向相反。

图2-10为电流实际方向与参考方向的关系。

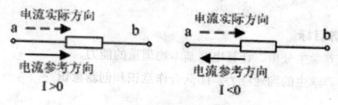

图2-10　电流实际方向和参考方向

4）电流的大小

在单位时间内，通过导体横截面的电荷量越多，就表示流过该导体的电流越强。若在 t 时间内通过导体横截面的电荷量是 q，则电流 I 可用下式表示：

$$I = \frac{q}{t}$$

式中：q——电荷量，单位是库[仑]，符号为 C；

t——时间，单位是秒，符号为 s；

I——电流强度，单位是安[培]，符号为 A。

电流的常用单位还有毫安（mA）和微安（μA）：

$$1A = 10^3 mA = 10^6 μA$$

 实例展示

　　在 5min 时间内，通过导体横截面的电荷量为 3.6C，求电流是多少安，合多少毫安？

　　解：根据电流的定义式

$$I = \frac{q}{t} = \frac{3.6}{5 \times 60} = 0.012A = 12mA$$

大小和方向均不随时间变化的电流称为恒定电流，简称直流电流，如图 2-11（a）所示。大小随时间变化但方向不随时间变化的电流称为脉动直流电流，如图 2-11（b）所示。大小和方向都随时间变化，这样的电流称为交流电流，如图 2-11（c）所示。

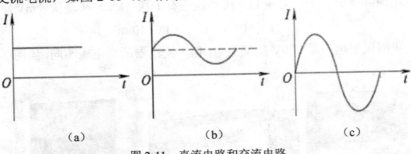

（a）　　　　　　　　　　（b）　　　　　　　　　　（c）

图 2-11　直流电路和交流电路

5）电流的测量

测量电流常用的仪表是电流表或万用表的电流挡。

注意：电流表一定要串联。

2.万用表测电流

1）测量 0.15A 直流电流的测量步骤

（1）将红表笔接万用表"+"极，黑表笔接万用表"—"极。

（2）将万用表选到合适档位即直流电流挡，选择合适量程（500mA）。

（3）将万用表两表笔和被测电路或负载串联，且使"+"表笔（红表笔）接到高电位处，即让电流从"+"表笔流入，从"—"表笔流出。

2）注意事项

（1）在测量直流电流时，若表笔接反，表头指针会反方偏转，容易撞弯指针；故采用试接触方法，若发现反偏，立刻对调表笔。

（2）事先不清楚被测电流的大小时，应先选择最高量程挡，然后逐渐减小到合适的量程。

（3）量程的选择应尽量使指针偏转到满刻度的 2/3 左右。

3. 电压

1）定义

电压是衡量电场力对电荷做功本领大小的物理量。A、B 两点之间的电压 U_{AB} 在数值上等于单位正电荷在电场力作用下，由 A 点移动到 B 点电场力所做的功。

2）电压的方向

规定为从高电位指向低电位的方向。

3）电压的单位

电压的单位是伏[特]，符号为 V。

在国际单位制中，电压的常用单位还有千伏（kV）和毫伏（mV）：

$$1kV=10^3V \qquad 1V=10^3mV$$

我国民用电压是 220V 的交流电，但不同电器所需电压不同，如图 2-12 所示。

录音机：6V　　　芯片：几伏到几十伏　　电视机显像管：1 万多伏

图 2-12　不同电器所需电压不同

4）电压的测量

测量电压常用的仪表是电压表和万用表的电压挡。注意：电压表一定要并联。如图 2-13 所示。

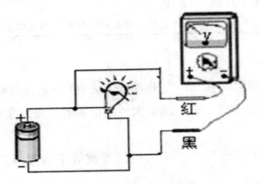

图 2-13　电压表的使用

1）400V 以下为低压，1000V 以上为高压。
2）测电笔只可用于低压，高压不可用。
3）强电指 400V 以下，36V 以上；弱电指 36V 以下。
4）强电有生命危险，弱电一般无危险。

大师点睛

4. 万用表测量电压

1）测量 36V 交流电压的测量步骤

（1）将红表笔接万用表"＋"极，黑表笔接万用表"—"极。

（2）将万用表选到合适档位即交、直流电压档，选择合适量程（100V）。

（3）将万用表两表笔和被测电路或负载并联。

（4）观察示数，是否接近满偏。

2）测量 1.5V 直流电压的测量步骤

（1）将红表笔接万用表"＋"极，黑表笔接万用表"—"极。

（2）将万用表选到合适档位即交、直流电压档，选择合适量程（5V）。

（3）将万用表两表笔和被测电路或负载并联，且使"＋"表笔（红表笔）接到高电位处，"—"表笔（黑表笔）接到低电位处，即让电流从"＋"表笔流入，从"—"表笔流出。

大师点睛

1）在测量直流电压时，若表笔接反，表头指针会反方偏转，容易撞弯指针；故采用试接触方法，若发现反偏，立刻对调表笔。

2）事先不清楚被测电压的大小时，应先选择最高量程档，然后逐渐减小到合适的量程。

3）量程的选择应尽量使指针偏转到满刻度的2/3左右。

5. 电位

（1）电位指电场力把单位正电荷从电场中的一点移到参考点所作的功。

（2）参考点的选定：一般选定大地或设备的外壳为参考点且规定为零电位。

（3）电路中任意两点之间的电位差就等于这两点之间的电压，即 $U_{ab} = V_a - V_b$，故电压又称电位差。

大师点睛

电路中某点的电位与参考点的选择有关，但两点间的电位差与参考点的选择无关。

6. 电动势

实例展示

如图 2-14，如果水泵不工作，水槽 A 中的水全部流到水槽 B 后就没了水流，若想使水流持续不断地流动，就要借助水泵的力量，将 B（低水位）中的水抽到 A（高水位）中，形成循环流通的水路。同样的道理，对于带电体 A 和 B，用导线将二者连接起来，如果正电荷被中和掉，也就没了电流。那么怎么样使得电流能持续下去呢？为了保持持续的电流，就得仿照水泵，在电路中安装设备（电源），在电源内部利用非电场力将正电荷从电源负极激动到电源正极。

（1）在电源内部，电源力把正电荷从低电位点（电源负极）移到高电位点（电源正极）反抗电场力所做的功与被移动电荷的电荷量的比，叫做电源的电动势。

（2）电动势的符号为 E，单位为 V。

（3）电动势的方向规定为在电源内部由负极指向正极。

（4）对于一个电源来说，既有电动势，又有端电压。电动势只存在于电源内部；而端电压则是电源加在外电两端的电压，其方向由正极指向负极。

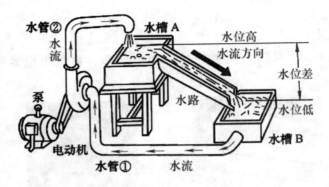

图 2-14　水泵工作实例

任务 2　电功、电功率、电流热效应

1. 电功

1）定义

电流做的功叫做电功。

2）电功的大小

用以下公式计算：

$$W = Uq = UIt$$

式中：U——加在导体两端的电压，单位是伏[特]，符号为 V；

I——导体中的电流，单位是安[培]，符号为 A；

t——通电时间，单位是秒，符号为 s；

W——电能，单位是焦[耳]，符号为 J。

上式表明，电流在一段电路上所做的功，与这段电路两端的电压、电路中的电流和通电时间成正比。

对于纯电阻电路，欧姆定律成立，电能也可由下式计算

$$W = \frac{U^2}{R}t = RI^2 t$$

3）电功的单位

一个常见的电功单位：度。

1 度 = 1kW・h（千瓦小时）

2. 电功率

1）定义

电流在单位时间内所做的功称为电功率。常见用电器的功率见图 2-15。

图 2-15　常见用电器的功率

2）电功率的大小

$$P = \frac{W}{t} = UI = I^2 R = \frac{U^2}{R}$$

单位：U—伏特（V）；I—安培（A）；R—欧姆（Ω）；P—瓦特（W）。

3）负载的额定值

电气设备安全工作时所允许的最大电流、最大电压和最大功率分别称为它们的额定电流、额定电压和额定功率。

电气设备在额定功率下的工作状态称为额定工作状态，也称满载；低于额定功率的工作状态称为轻载；高于额定功率的工作状态称为过载或超载。由于过载很容易烧坏用电器，所以一般不允许出现过载。

4）电功率的测量

电功率表如图 2-16 所示。

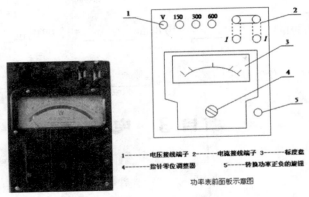

图 2-16　D26-W 型便携式单相功率表

实例展示

一台 21 英寸彩色电视机额定功率是 120W，若平均每天使用 6h，每度电的电费为 0.45 元，求每月（以 30 天计）应付电费为多少？

解：每月用电时间为：6×30=180h

每月消耗的电能为：W=Pt=0.12kW×180h=21.6kW·h=21.6 度

每月应付的电费为：0.45 元/度×21.6 度=9.72 元

学习评价与反馈

1.通过电路基本物理量的学习，我知道了测量电流应该＿＿＿＿＿＿＿＿。

2.测量电压应该＿＿＿＿＿＿＿＿＿＿＿＿。

3.知识点评价

1）200mA=＿＿＿＿＿＿A；150μA=＿＿＿＿＿＿mA。10kV=＿＿＿＿＿V，3.6V=＿＿＿＿＿＿mV。

2）电路中某点的电位，就是该点与＿＿＿＿＿＿之间的电压。

3）当电压值为负值时，说明电压的实际方向与参考方向＿＿＿＿＿＿。

4）已知 V_a=5V，V_b=10V，则 U_{ab}=＿＿＿＿＿V，U_{ba}=＿＿＿＿＿V。

5）电流在一段电路上所做的功，与这段电路两端的电压、电流成＿＿＿＿＿＿比，与通电时间成＿＿＿＿＿比。

6）电流在＿＿＿＿＿内所做的功叫做电功率。

7）已知电路中 A 点电位为 10V，AB 两点间电压 U_{AB}=-10V，则 B 点电位为_____V。

8）电动势的方向从_____极指向_____极，即电位_____的方向。

9）若 V_a=5 伏，V_b=3 伏，则 U_{ab}=_____伏，U_{ba}=_____伏。

项目 3 电阻

项目目标

1.知识目标

● 了解电阻器及其参数，会计算导体电阻。

2.能力目标

● 能识别常用、新型电阻器，会识读色环电阻；会用万用表测量电阻值。

● 能对电阻性电路进行故障检查。

3.培养目标

● 培养学生分析、计算电路基本物理量的能力。

● 培养学生的沟通能力、团队合作意识和创新意识。

项目描述

项目准备：常见电阻、电阻器，常见用电器

任务 1 电阻与电阻定律

导体对电流的阻碍作用叫电阻。一定材料制成的导体，电阻和它的长度成正比，和它的截面积成反比，这个结论叫做电阻定律，用公式表示：

$$R = \rho \frac{L}{S}$$

式中：ρ——电阻率，单位是欧[姆]米，符号为 $\Omega \cdot m$；

　　　L——导体的长度，单位是米，符号为 m；

　　　S——导体的截面积，单位是平方米，符号为 m^2；

　　　R——导体的电阻，单位是欧[姆]，符号为 Ω。

在国际单位制中，电阻的常用单位还有千欧（$k\Omega$）和兆欧（$M\Omega$）：

$$1k\Omega = 10^3 \Omega$$

$$1M\Omega = 10^3 k\Omega = 10^6 \Omega$$

一些常见材料的电阻率参见表 2-2。

表 2-2　一些常见材料的电阻率

材料名称	电阻率 $\rho/\Omega \cdot m$	材料名称	电阻率 $\rho/\Omega \cdot m$
银	1.65×10^{-8}	钨	5.3×10^{-8}
铜	1.75×10^{-8}	锰铜	4.4×10^{-7}
铝	2.83×10^{-8}	康铜	5.0×10^{-7}
低碳钢	1.3×10^{-7}	镍铬铁	1.0×10^{-6}
铂	1.06×10^{-7}	碳	1.0×10^{-6}

电阻器分为固定电阻器和可变电阻器两种，参见图 2-17 和图 2-18。

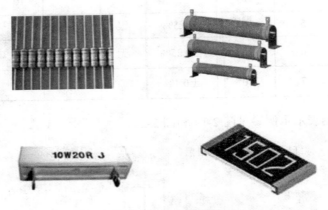

图 2-17　固定电阻器

图 2-18　可变电阻器

任务2　电阻阻值表示法

常用电阻器的阻值表示方法有两种，一是用数字直接标注；二是色环法标注（表 2-3）。

表 2-3　色环的具体含义

颜色	有效数字	倍率	允许偏差	颜色	有效数字	倍率	允许偏差
棕	1	10^1	±1%	灰	8	10^8	
红	2	10^2	±2%	白	9	10^9	
橙	3	10^3		黑	0	100	
黄	4	10^4		金	—	10^{-1}	±5%
绿	5	10^5	±0.5%	银	—	10^{-2}	±10%
蓝	6	10^6	±0.25%	无			±20%
紫	7	10^7	±0.1%				

电阻器表示示例参见图 2-19 和图 2-20。

棕红橙黄绿、蓝紫灰白黑

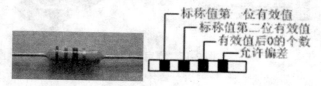

标称值第　位有效值
标称值第二位有效值
有效值后0的个数
允许偏差

图 2-19　四环电阻器

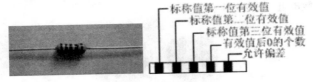

图 2-20　五环电阻器

实例展示

识别某四环电阻（棕绿红金），如图 2-21 所示。

解：第一位有效数字：1;

第二位有效数字：5;

第三位 10 的 2 次方（即 100）;

第四位允许误差为±5%;

即阻值为：15×100=1500 Ω=1.5k Ω。

图 2-21　四环电阻

拓展学习

新型敏感电阻器

（1）热敏电阻（图 2-22）

图 2-22　热敏电阻

（2）压敏电阻（图 2-23）

图 2-23　压敏电阻

（3）气敏电阻（图2-24）

图 2-24　气敏电阻

（4）湿敏电阻（图2-25）

图 2-25　湿敏电阻

（5）光敏电阻（图2-26）

图 2-26　光敏电阻

任务 3　用万用表测量电阻

测量时注意以下几点：

（1）准备测量电路中的电阻时应先切断电源，切不可带电测量。

（2）首先估计被测电阻的大小，选择适当的倍率挡，然后调零，即将两支表笔相触，旋动调零电位器，使指针指在零位。

（3）测量时双手不可碰到电阻引脚及表笔金属部分，以免接入人体电阻，引起测量误差。

（4）测量电路中某一电阻时，应将电阻的一端断开。

任务实施

1. 10kΩ 电阻测量步骤

（1）将红表笔接万用表"+"极；黑表笔接万用表"—"极。

（2）选择合适档位即欧姆档，选择合适倍率。

（3）将红黑表笔短接，看指针是否指零。如果不指零，可以通过调整调零按钮使指针指零。

（4）取下待测电阻（10kΩ）即使待测电阻脱离电源，将红黑表笔并联在电阻两端。

（5）观察示数是否在表的中值附近。

（6）如指针偏转太小，则更换更大量程；相反则换更小量程测量。

2. 注意事项

（1）欧姆调零时，手指不要触摸表笔金属部分。

（2）每换一次倍率档，都要重新进行欧姆调零，以保证测量准确。

（3）对于难以估计阻值大小的电阻可以采用试接触法，观察表笔摆动幅度，摆动幅度太大要换大的倍率，相反换小的倍率，使指针尽可能在刻度盘的 1/3～2/3 区域内。

（4）使待测电阻脱离电源部分。

（5）读数时，要使表盘示数乘以倍率。

学习评价与反馈

1.通过电阻的学习，我知道了测量电阻应该_____。

2.根据导电性能的不同，物质分为_____、_____和_____。

3.一段电阻为4Ω的导线，若将它对折后接入电路，其电阻是_____Ω。

4.导体材料及长度一定，导体横截面积越小，则导体的电阻值_____。

项目 4 欧姆定律

项目目标

1.知识目标

●了解电阻元件电压与电流的关系，掌握欧姆定律。

2.能力目标

●会根据欧姆定律分析解决简单电路；

●能对电阻性电路进行故障检查。

3.培养目标

●培养学生分析、计算电路基本物理量的能力；

●培养学生的沟通能力、团队合作意识和创新意识。

项目描述

项目准备：复习电流电压知识，准备电流表、电压表、万用表

任务1 欧姆定律

1. 部分电路欧姆定律

在电路中，流过电阻的电流与电阻两端的电压成正比，和电阻值成反比。公式为：

$$I = \frac{U}{R}$$

实例展示

图 2-27 所示电路中，已知电源电动势 E 为 1.5V，电阻为 100Ω，求电路中的电流。

解：根据欧姆定律

$$I = \frac{U}{R} = \frac{1.5V}{100\Omega} = 0.015A = 15mA$$

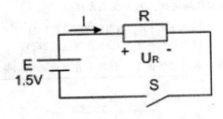

图2-27 电路图

2. 全电路欧姆定律

闭合电路中的电流与电源电动势成正比，与电路的总电阻成反比，即

$$I = \frac{E}{R+r}$$

式中 E——电源电动势，单位是伏[特]，符号为V；

R_r——负载电阻，单位是欧[姆]，符号为Ω；

R_0——电源内阻，单位是欧[姆]，符号为Ω；

I——闭合电路中的电流，单位是安[培]，符号为A。

闭合电路中的电流与电源电动势成正比，与电路的总电阻（内电路电阻与外电路电阻之和）成反比。

外电路电压 $U_外$ 又叫路端电压或端电压，$U_外=E-R_0I$。当R增大时，I 减小，R_0I减小，$U_外$增大。当 $R\sim\infty$（断路），$I\sim0$，则 $U_外=E$，断路时端电压等于电源电动势。

实例展示

1. 有一闭合电路如图2-28所示，电源电动势 E=12V，其内阻 r=2Ω，负载电阻 R=10Ω，求电路中的电流 I、负载电阻 R 两端的电压 U_R、电源内阻 r 上的电压降 U_r。

解：根据全电路欧姆定律

$$I = \frac{E}{R+r} = \frac{12V}{(10+2)\Omega} = 1A$$

负载两端电压 $U_R=IR$=1A×10Ω=10V

电源内阻上的电压降为 $U_r=Ir$=1A×2Ω=2V

2. 如图2-29所示，当单刀双掷开关S合到位置1时，外电路的电阻 R_1 = 14Ω，测得电流表读数 I_1 =0.2A；当开关S合到位置2时，外电路的电阻 R_2 =9Ω，测得电流表读数 I_2 = 0.3A；试求电源的电动势 E 及其内阻 r。

解：根据闭合电路的欧姆定律，列出联立方程组

$$\begin{cases} E = R_1I_1 + rI_1 & (当S合到位置1时) \\ E = R_2I_2 + rI_2 & (当S合到位置2时) \end{cases}$$

解得：$r=1\Omega$，$E=3V$。本例题给出了一种测量直流电源电动势 E 和内阻 r 的方法。

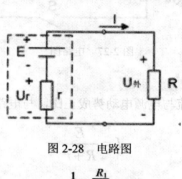

图 2-28　电路图

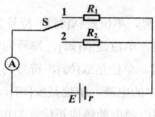

图 2-29　电路图

任务 2　电阻串、并联电路

1. 电阻串联电路

把两个或多个电阻依次连接起来，组成中间无分支的电路，叫做电阻串联电路。如图 2-30 所示。

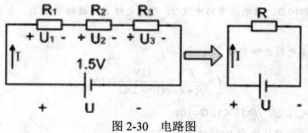

图 2-30　电路图

电路特点：

（1）串联电路中电流处处相等，即：

$$I_1 = I_2 = I_3 = \cdots = I_n$$

（2）电路两端的总电压等于串联电阻上分电压之和，即：

$$U = U_1 + U_2 + U_3 + \cdots U_n$$

（3）电路的总电阻等于各串联电阻之和，即：

$$R = R_1 + R_2 + R_3 + \cdots + R_n$$

分压公式：

$$\begin{cases} U_1 = \dfrac{R_1}{R_1 + R_2}U \\[2mm] U_2 = \dfrac{R_2}{R_1 + R_2}U \end{cases}$$

在实际应用中，常利用电阻串联的方法，扩大电压表的量程。

 实例展示

有一盏额定电压为 U_1=40V、额定电流为 I=5A 的电灯，应该怎样把它接入电压 U=220V 照明电路中？

解：将电灯（设电阻为 R_1）与一只分压电阻 R_2 串联后，接入 U=220V 电源上，如图 2-31 所示。

解法一：分压电阻 R_2 上的电压为：

U_2=U－U_1 = 220 － 40 = 180 V，且 U_2=$R_2 I$，则

$$R_2 = \frac{U_2}{I} = \frac{180}{5} = 36\,\Omega$$

解法二：利用两只电阻串联的分压公式：

$$U_1 = \frac{R_1}{R_1 + R_2}U,\ 且\ R_1 = \frac{U_1}{I} = 8\,\Omega,\ 可得\ R_2 = R_1\frac{U - U_1}{U_1} = 36\,\Omega$$

即将电灯与一只 36Ω 分压电阻串联后，接入 U=220V 电源上即可。

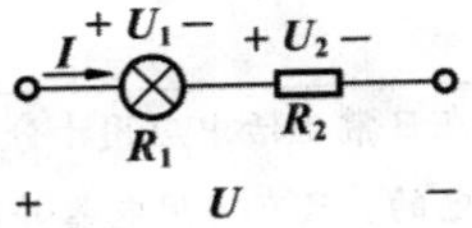

图 2-31　电路图

2. 电阻并联电路

把两个或两个以上电阻接到电路中的两点之间，电阻两端承受同一个

电压的电路叫做电阻并联电路。如图 2-32 所示。

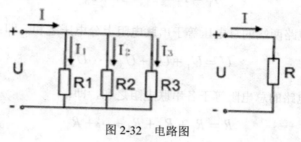

图 2-32　电路图

电路特点

（1）电路中各个电阻两端的电压相同，即：

$$U_1 = U_2 = U_3 = \cdots = U_n$$

（2）电阻并联电路总电流等于各支路电流之和，即：

$$I = I_1 + I_2 + I_3 + \cdots + I_n$$

（3）并联电路的总阻值的倒数等于各并联电阻的倒数的和，即：

$$\frac{1}{R} = \frac{1}{R_1} + \frac{1}{R_2} + \frac{1}{R_3} + \cdots + \frac{1}{R_n}$$

当两个电阻并联时，通过每个电阻的电流可以用分流公式计算，分流公式为：

$$\begin{cases} I_1 = \dfrac{R_2}{R_1 + R_2} \cdot I \\[2mm] I_2 = \dfrac{R_1}{R_1 + R_2} \cdot I \end{cases}$$

在电阻并联电路中，电阻小的支路通过的电流大，电阻大的支路通过的电流小。

大师点睛　电阻并联电路在日常生活中应用十分广泛，例如：照明电路中的用电器通常都是并联供电的。只有将用电器并联使用，才能在断开、闭合某个用电器时，或者某个用电器出现断路故障时，保障其他用电器能够正常工作。

实例展示

如图 2-33 所示，电源供电电压 U=220V，每根输电导线的电阻均为 R_1=1Ω，电路中一共并联 100 盏额定电压 220V、功率 40W 的电灯。假设电灯在工作（发光）时电阻值为常数。试求：（1）当只有 10 盏电灯工作时，每盏电灯的电压 U_L 和功率 P_L；（2）当 100 盏电灯全部工作时，每盏电灯的电压 U_L 和功率 P_L。

解：每盏电灯的电阻为 $R=U^2/P$ =1210Ω，n 盏电灯并联后的等效电阻为 $R_n=R/n$。

根据分压公式，可得每盏电灯的电压：

$$U_L = \frac{R_n}{2R_1 + R_n}U$$

功率：

$$P_L = \frac{U_L^2}{R}$$

（1）当只有 10 盏电灯工作时，即 n=10，

则 $R_n=R/n$ =121Ω，因此：

$$U_L = \frac{R_n}{2R_1 + R_n}U \approx 216\text{ V} , P_L = \frac{U_L^2}{R} \approx 39\text{ W}$$

（2）当 100 盏电灯全部工作时，即 n=100，则 R_n=R/n=12.1Ω，

$$U_L = \frac{R_n}{2R_1 + R_n}U \approx 189\text{ V} , P_L = \frac{U_L^2}{R} \approx 29\text{ W}$$

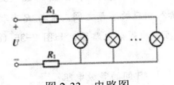

图 2-33　电路图

任务 3　电阻混联电路

既有电阻串联又有电阻并联的电路叫做电阻混联电路。如图 2-34 所示。

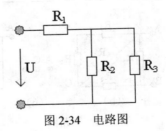

图 2-34　电路图

$$R_{23} = \frac{R_2 R_3}{R_2 + R_3} \qquad R = R_1 + R_{23} = R_1 + \frac{R_2 R_3}{R_2 + R_3}$$

分析混联电路的方法：

（1）确定等电位点、标出相应的符号。导线、开关和理想电流表的电阻可忽略不计，可以认为导线、开关和电流表联接的两点是等电位点。

（2）把标注的各字母按水平方向依次排开，待求两端的字母排在左右两端。

（3）将各电阻依次接入与原电路图对应的两字母之间，画出等效电路图。

（4）画出串并联关系清晰的等效电路图。根据等效电路中电阻之间的串、并联关系求出等效电阻。

实例展示

求图 2-35（a）所示电路 AB 间的等效电阻 R_{AB}。其中 $R_1 = R_2 = R_3 = 2\,\Omega$，$R_4 = R_5 = 4\,\Omega$。

解：

（1）按要求在原电路中标出字母 C，如图 2-35（b）所示。

（2）将 A、B、C 各点沿水平方向排列，如图 2-35（c）所示。

（3）将 $R_1 \sim R_5$ 依次填入相应的字母之间。R_1 与 R_2 串联在 A、C 之间，R_4 在 A、B 之间，R_5 在 A、C 之间，即可画出等效电路图，如图 2-35（d）所示，其电阻间的串并联一目了然。

（4）由等效电路图的求出 AB 间的等效电阻：

$$R_{12} = R_1 + R_2 = 2 + 2 = 4\Omega$$

$$R_{125} = \frac{R_{12} \times R_5}{R_{12} + R_5} = \frac{4 \times 4}{4 + 4} = 2\Omega$$

$$R_{1253} = R_{125} + R_3 = 2 + 2 = 4\Omega$$

$$R_{AB} = \frac{R_{1253} \times R_4}{R_{1253} + R_4} = \frac{4 \times 4}{4 + 4} = 2\Omega$$

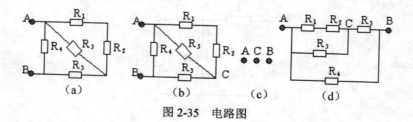

图 2-35　电路图

（5）电阻混联电路中各电阻上电压和电流的求解步骤：

①首先求出这些电阻的等效电阻；

②应用欧姆定律求出总电流；

③应用电流分流公式和电压分压公式求出各电阻上的电流和电压。

实例展示

电路如图2-36所示，其中：$R_1=4\Omega$，$R_2=6\Omega$，$R_3=3.6\Omega$，$R_4=4\Omega$，$R_5=0.6\Omega$，$R_6=1\Omega$，$E=4V$。求各电阻电流和电压 U_{BA}，U_{BC}。

解：（1）计算电路的等效电阻 R：

$$R_{12} = \frac{R_1 R_2}{R_1 + R_2} = \frac{4 \times 6}{4 + 6} = 2.4\Omega$$

$$R_{123} = R_{12} + R_3 = 2.4 + 3.6 = 6\Omega$$

$$R_{1234} = \frac{R_{123} R_4}{R_{123} + R_4} = \frac{6 \times 4}{6 + 4} = 2.4\Omega$$

$$R = R_{1234} + R_5 + R_6 = 2.4 + 0.6 + 1 = 4\Omega$$

（2）电路总电流 I 为：

$$I = \frac{E}{R} = \frac{4}{4} = 1A$$

（3）各支路电流及电压 U_{BA}，U_{BC} 分别计算如下：

应用分流公式，得：

$$I_4 = \frac{R_{123}}{R_{123} + R_4} I = \frac{6}{6 + 4} \times 1 = 0.6A$$

$$I_3 = I - I_4 = 1 - 0.6 = 0.4A$$

$$I_1 = \frac{R_2}{R_2 + R_1} I_3 = \frac{6}{6 + 4} \times 0.4 = 0.24A$$

$$I_2 = I_3 - I_1 = 0.4 - 0.24 = 0.16A$$

根据欧姆定律：

$$U_{BA} = I_4 \times R_4 = 0.6 \times 4 = 2.4V$$

$$U_{BC} = I_1 \times R_1 = 0.24 \times 4 = 0.96V$$

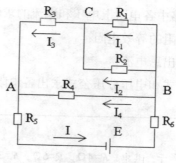

图 2-36　电路图

学习评价与反馈

1.通过欧姆定律的学习，我知道了_____。

2.如图 2-37 所示，$E=1.5V$，$R_1=3\Omega$，$R_2=2\Omega$，$I=$_____。

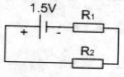

图 2-37　电路图

3.电阻在电路中的连接方式有_____、_____和混联。

4.串联电路中的_____处处相等，总电压等于各电阻上_____之和。

5.如图 2-38 所示，三个电阻 $R_1=3\Omega$，$R_2=2\Omega$，$R_3=1\Omega$，串联后接到 $U=6V$ 的直流电源上，则总电阻 $R=$_____，电路中电流 $I=$_____。三个电阻上的压降分别为 $U_1=$_____，$U_2=$_____，$U_3=$_____。

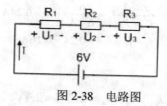

图 2-38　电路图

单元 3

复杂直流电路故障检测与测量

学习导入

电路教学中，复杂直流电路的分析既是重点，也是难点。复杂直流电路分析的理论依据是基尔霍夫定律、欧姆定律、叠加原理、戴维南定理以及电源的等效变换方法等。而复杂电路的分析方法一般有两种：一是利用电路图等效化简，使计算简化，这类方法有：叠加原理、戴维南定理以及电源的等效变换等方法；二是根据需要求出的未知量（一般是电流或电压），应用基尔霍夫定律列出联立方程，然后求解。

项目 1　基尔霍夫定律的应用

项目目标

1.知识目标

●了解电阻元件电压与电流的关系，掌握基尔霍夫定律。

2.能力目标

●会根据基尔霍夫定律分析解决复杂电路。

3.培养目标

●培养学生分析、计算电路基本物理量的能力。

●培养学生的沟通能力、团队合作意识和创新意识。

项目描述

项目准备：复习电流电压知识，准备电流表、电压表、万用表。

在学习基尔霍夫定律之前，必须先明确电路的几个基本概念。

【支路】由一个或几个元件串联后组成的无分支电路，称为支路，支路数用 b 表示，同一支路中电流处处相等。如图所示电路中，有 ab、adb、acb 三条支路，该电路的支路数 b=3，其中 ab 是无源支路（不含电源），adb、acb 是有源支路（支路中含有电源）。

【节点】电路中三条或三条以上支路的连接点称为节点，节点数用 n 表示。如图所示电路中的 a 点和 b 点，该电路节点数 n=2。

【回路】电路中任意一个闭合路径称为回路，回路数用 m 表示。如图 3-1 所示电路中的 abca、asba、asbca 都是回路，该电路的回路数 m=3。

【网孔】中间无支路穿过的回路称为网孔，如图所示电路中由 abca 和 adba 两个网孔。网孔是不可再分的回路。网孔一定是回路，但回路有可能不是网孔。

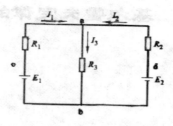

图 3-1　复杂电路

 任务实施

通过实验来观察在复杂电路中电压和电流是怎样的规律。

1.按图 3-2 连接好电路，将 E_1 调至 6V，E_2 调至 12V，检查无误后接通电源。经分析可知，此电路有两个节点、三条支路、三个回路、两个网孔。

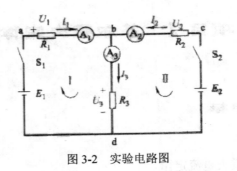

图 3-2 实验电路图

2.用电流表（按电流的参考方向接入电流表）分析测量三条支路的电流 I_1、I_2、I_3，将结果填入表 3-1 中。若电流表反偏，应调换接线柱的极性，且测量结果取负值。

3.忽略电流表的分压作用，用电压表（按电压的参考方向接入电压表）分别测出三个电阻上的电压，将结果填入表 3-2 中。若电压表发生反偏，应调换接线柱的极性，且测量结果取负值。

4.将 E_1 调至 10V，E_2 调至 20V，重做上述实验。

表 3-1 支路电流测量

电流 电源电压	I_1/A	I_2/A	I_3/A	$I_1+I_2-I_3$	$-I_1-I_2+I_3$
E_1=6V，E_2=12V					
E_1=10V，E_2=20V					

表 3-2 电阻两端电压测量

电压 电源电压	U_1/V	U_2/V	U_3/V	$U_1+U_2-U_3$	$-U_1-U_2+U_3$
E_1=6V，E_2=12V					
E_1=10V，E_2=20V					

项目 2 基尔霍夫定律

项目目标

1.知识目标

●了解基尔霍夫电流定律

●了解基尔霍夫电压定律

2.能力目标

●会根据基尔霍夫电流定律和基尔霍夫电压定律分析解决复杂电路。

3.培养目标

●培养学生分析、计算电路基本物理量的能力。

●培养学生的沟通能力、团队合作意识和创新意识。

项目描述

项目准备：复习电流电压知识，复习基尔霍夫定律。

1.基尔霍夫电流定律

1）定律内容

基尔霍夫电流定律也叫节点电流定律，简称 KCL。在任一时刻，对电路中的任一节点，流入节点的电流之和等于流出该节点的电流之和，即：

$$\sum I_{入} = \sum I_{出}$$

在图 3-3 中，在节点 A 有

$$I_1 + I_3 = I_2 + I_4 + I_5$$

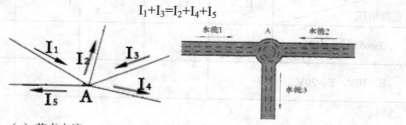

（a）节点电流　　　　　（b）水流示意图

图 3-3　基尔霍夫电流定律

基尔霍夫电流定律也称为基尔霍夫第一定律，它确定了汇集于电路中某一节点各支路电流间的约束关系。与水管三通处或河流的汇合处的水流情况类似（如图 3-3（b）所示），交汇处水流 1 的流量+水流 2 的流量=水流 3 的流量，水不会增加或减少。同样，电流是由电荷的定向移动形成的，节点处的电荷不会增加或减少，即电荷是守恒的。所以电流和水流一样，流入之和等于流出之和。

基尔霍夫电流定律还可以表述为在任一节点上，若规定流入节点电流为正，流出节点电流为负，则节点电流的代数和为零，即

$$\sum I = 0$$

应用 KCL 时的注意事项

　　1. 对于含有 n 个节点的电路，只能列出（n-1）独立的节点电流方程。

大师点睛　　2. 首先要假定未知电流的参考方向。若计算结果为正值，表明电流的实际方向与参考方向一致，计算结果为负值，表明电流的实际方向与参考方向相反。

　　3. 列节点电流方程时，只需要考虑电流的参考方向（流入为正，流出为负，或者相反），然后再带入电流的数值（可正可负）。

实例展示

根据图所示电路，列写 a 点 KCL 方程。

　　解：$I_1 + I_2 = I_3$，即 $I_1 + I_2 - I_3 = 0$

你的测量结果符合这个结论吗？

2）推广应用

KCL 虽然是对电路中任一节点而言的，根据电流的连续性原理，它可推广应用于电路中的任一假想封闭曲面（又称广义节点），通过广义节点的各支路电流的代数和恒等于 0。

2. 基尔霍夫电压定律

1）定律内容

基尔霍夫电压定律也叫回路电压定律，简称 KVL。内容是：在任一时刻，对任一闭合回路，沿回路绕行方向上各段电压的代数和为零，即

$$\sum U = 0$$

基尔霍夫电压定律也称为基尔霍夫第二定律，它确定了回路中各元件电压间的约束关系。

如图 3-4 所示电路中，用带箭头的虚线表示回路绕行方向，根据基尔霍夫电压定律，可得

$$U_{ab}+U_{bc}+U_{cd}+U_{da}=（V_a-V_b）+（V_b-V_c）+（V_c-V_d）+（V_d-V_a）=0$$

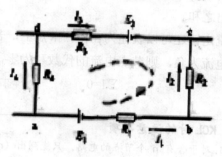

图 3-4　基尔霍夫电压定律

各端电压为：

$$U_{ab} = E_1 + I_1R_1$$

$$U_{bc} = I_2R_2$$

$$U_{cd} = -E_1 - I_3R_3$$

$$U_{da} = I_4R_4$$

分别带入回路电压方程，可得

$$E_1 + I_1R_1 +I_2R_2 - E_2 - I_3R_3 - I_4R_4 = 0$$

大师点睛

应用 KVL 时的注意事项

1. 任意选定未知电流的参考方向，且元件电压、电流取关联参考方向。

2. 任意选定回路的绕行方向。

3. 确定电阻电压的符号。当选定的绕行方向与电流参考方向相同，电阻电压取正值，反之取负值。

4. 确定电源电动势的符号。当选定的绕行方向与电源电动势方向相反（电源电动势从"-"极到"+"极），电动势取正值，反之取负值。

实例展示

如图 3-5 所示电路中，应用 KVL 列写同路电压方程。

解：根据基尔霍夫电压定律，列出回路 I 和回路 II 的回路电压方程。

回路 I （即 abca 回路）的电压方程为

$$I_1R_1 + I_3R_3 + E_1 = 0$$

回路 II （即 adba 回路）的电压方程为

$$-I_2R_2 - I_3R_3 + E_2 = 0$$

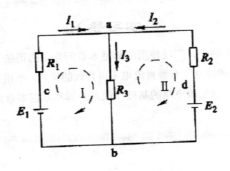

图 3-5　电路图

2）推广应用

基尔霍夫电压定律可推广于不闭合的假想回路，将不闭合两端点间电压列入回路电压方程。在图 3-6 电路中，a、d 为两个端点，端电压为 U_{ad}，对假想回路 abcda 列回路电压方程为

$$U_{ab} + I_3R_3 + E_1 + I_1R_1 + E_2 - I_2R_2 = 0$$

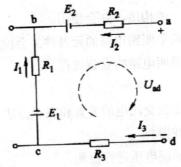

图 3-6　基尔霍夫电压定律推广应用

单元 4

单相正弦交流电路

学习导入

在日常生产和生活中，广泛使用的都是本章所介绍的正弦交流电，这是因为正弦交流电在传输、变换和控制上有着直流电不可替代的优点，单相正弦交流电路的基本知识则是分析和计算正弦交流电路的基础，深刻理解和掌握本章内容，十分有利于后面相量分析法的掌握。

1. 学习目标

1）知识目标

（1）掌握正弦交流电的三要素，理解正弦量的表现形式及其对应关系。

（2）理解正弦量的旋转矢量表示法，了解正弦量解析式、波形图、矢量图的相互转换。

（3）掌握纯电阻、纯电感、纯电容电路中电压与电流的关系。

（4）熟悉实训室工频电源的配置。

（5）了解信号发生器、交流电压表、交流电流表、钳形电流表、万用表、单相调压器等仪器仪表。

（6）了解试电笔的构造，并会使用。

（7）认识各种简单照明电路的元器件并会检测。

（8）掌握简单照明电路的安装过程。

2）能力目标

（1）掌握单相正弦交流电的要素和表示方法。

（2）会使用示波器。

（3）能对单相插座电压进行检测。

（4）会使用信号发生器、毫伏表和示波器。

（5）会用示波器观察信号波形。

（6）会测量正弦电压的频率和峰值。

（7）会观察电阻、电感、电容元件上电压与电流之间的关系。

（8）能利用电工用具对导线进行绝缘层的剖削和绝缘层的恢复。

（9）会安装单相插座。

（10）会用万用表检测开关、白炽灯的好坏。

（11）能识读电路图。

（12）会按图安装调试简单照明电路。

3）培养目标

培养学生能对单相电路进行分析计算。

2. 学习项目

项目 1：正弦交流电的基本物理量

项目 2：纯电阻、纯电感、纯电容电路

项目 3：认识单相正弦交流电路

项目 4：插座与简单照明电路的安装

项目 5：串联电路

项目 6：交流电路的功率

项目 7：电能测量与节能

项目 8：常用电光源的认识与荧光灯的安装

项目 1　正弦交流电的基本物理量

项目目标

1.知识目标

●理解正弦量解析式、波形图的表现形式及其对应关系，掌握正弦交流电的三要素。

●理解有效值、最大值和瞬时值的概念，掌握它们之间的关系。

●理解频率、角频率和周期的概念，掌握它们之间的关系。

●理解相位、初相和相位差的概念，掌握它们之间的关系。

●理解正弦量的旋转矢量表示法，了解正弦量解析式、波形图、矢量图的相互转换。

2.能力目标

●能对单相正弦交流电进行表达。

项目描述

人们使用的电可以分为两种：一种是直流电，大小和方向都不随时间变化；另一种是交流电，大小和方向会随着时间变化。其中交流电最基本的形式是正弦交流电，即随着时间按正弦规律变化的交流电。下面主要介绍了正弦交流电的定义、正弦交流电的三要素、正弦交流电的表示方法等。

任务1 正弦交流电

正弦交流电具有以下特点：

●可以接通变压器变电压，便于电能的输送、分配，以满足不同用电户的要求。

●交流电机比相同功率的直流电机结构简单、造价低、便于维护维修。

●交流电可以通过整流装置，将交流电变换成所需要的直流电。因此，交流电在日常生产和生活中应用非常广泛。

1. 交流电的定义

交流电是指大小和方向都随着时间变化的电流、电压和电动势，常用 AC 来表示。随着时间按正弦规律变化的交流电，称为正弦交流电，不按正弦规律变化的交流电称为非正弦交流电。如图 4-1 所示是几种常见的交流电波形，其中正弦波应用最普遍，三角波和方波主要用作电子信号。

2. 正弦交流电的产生

大多数正弦交流电由交流发电机产生的。交流发电机主要由磁极和电枢（按一定规则镶嵌在硅钢片支撑贴心上的多匝线圈）组成。磁极不动称作定子，电枢转动称作转子。图 4-2 所示是一个最简单的交流发电机模型。

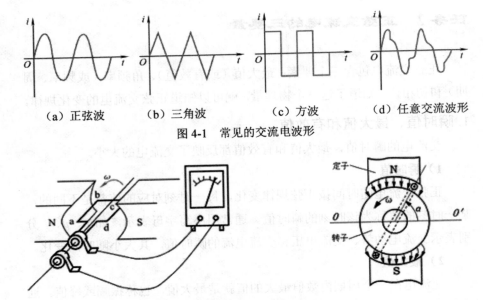

（a）正弦波　　　（b）三角波　　　（c）方波　　　（d）任意交流波形

图 4-1　常见的交流电波形

图 4-2　正弦交流电的产生

3.表达方法

电动机旋转时，线圈切割磁力线，就会在线圈中产生按正弦规律的感应电动势，即

$$e = E_m \sin(\omega t + \varphi_0)$$

外加负载形成闭合回路时，就会产生按正弦规律变化的电压和电流，分别为

$$u = U_m \sin(\omega t + \psi_u)$$
$$i = I_m \sin(\omega t + \psi_i)$$

图 4-3 画出了 $\Psi_u = \pi / 3$ 的正弦交流电波形。

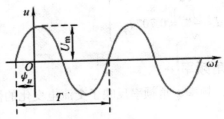

图 4-3　正弦交流电波形

任务 2 正弦交流电的三要素

正弦交流电包含三个要素：最大值（或有效值）、角频率（或频率、周期）和初相位。知道了这三个物理量，就可以知道正弦交流电的变化规律。

1. 瞬时值、最大值和有效值

交流电的瞬时值，最大值和有效值都反映了交流电的大小。

1）瞬时值

正弦交流电随时间按正弦规律变化，每一时刻对应的值都是不同的，某一时刻的值称为该时刻的瞬时值。通常用小写字母表示，如 e、u、i 分别表示交流电动势、交流电压、交流电流的瞬时值，其大小随时间变化。

2）最大值

交流电在一个周期内数值最大的值就是最大值，也称振幅或峰值。通常用大写字母加下标 m 表示，如 E_m、U_m、I_m 分别表示交流电动势、交流电压、交流电流的最大值。

3）有效值

交流电的有效值是根据电流的热效应来规定的。通常用大写字母表示，如 E、U、I 分别表示交流电动势、交流电压、交流电流的有效值。一般情况下，我们所说的交流电压和交流电流的大小以及测量仪表所指示的电压、电流值都是指有效值。电气设备铭牌上的额定值也是有效值。

4）最大值与有效值的关系

数学分析表明，正弦交流电的有效值和最大值的关系为：

$$\left. \begin{array}{l} E = \dfrac{E_m}{\sqrt{2}} = 0.707 E_m \\[2mm] U = \dfrac{U_m}{\sqrt{2}} = 0.707 U_m \\[2mm] I = \dfrac{I_m}{\sqrt{2}} = 0.707 I_m \end{array} \right\} \quad 有效值 = \dfrac{最大值}{\sqrt{2}}$$

2. 周期、频率、角频率

交流电的周期、频率、角频率反映了交流电变化的快慢。

1）周期

用 T 表示，单位为秒（s），常用的单位还有毫秒（ms）、微秒（μs）

等，它们的换算关系为：

$$1s = 10^3 ms \qquad 1ms = 10^3 \mu s$$

2）频率

交流电在单位时间内重复变化的次数，用 f 表示，单位为赫兹（Hz）。常用的单位还有千赫（kHz）、兆赫（MHz）等，它们之间的换算关系为

$$1MHz = 10^3 kHz \qquad 1kHz = 10^3 Hz$$

3）周期和频率的关系

周期与频率互为倒数关系，即：

$$T = \frac{1}{f} \quad 或 \quad f = \frac{1}{T}$$

大师点睛

◆我国民用工频单位相正弦交流电，电压有效值一般为 220V，周期为 0.02s，频率为 50Hz。

◆我国电网交流电的频率为 50Hz，也有一些国家采用 60Hz。

◆人耳能听到的声音频率为 20~20000Hz；有线通信频率为 300~5000Hz；高频加热设备频率 200~300kHz，收音机的中频频率是 465kHz，电视机的中频频率是 38MHz。

4）角频率

交流电单位时间内变化的电角度称为角频率，用 ω 表示单位为弧度/秒（rad/s）。

5）角频率（ω）与周期（T）、频率（f）之间的关系

ω、T、f 之间的关系为：

$$\omega = \frac{2\pi}{T} = 2\pi f$$

实例分析

我国供电电源的频率为 50Hz，称为工业标准频率，简称工频，试计算其周期、角频率。

解：周期

$$T = \frac{1}{f} = \frac{1}{50}s = 0.02s$$

角频率

$$\omega = 2\pi f = 2 \times 3.14 \times 50 rad/s = 314 rad/s$$

3. 相位、初相位、相位差

1）相位

t 时刻正弦交流电所对应的电角度 $\psi=(\omega t+\psi_0)$ 称为相位。它决定交流电每一瞬间的大小。相位用弧度（rad）或度（°）表示。

2）初相位

$t=0$ 的相位称为初相位，简称初相。它反映了正弦交流电压在 $t=0$ 的瞬时值的大小。

大师点睛

◆相位、初相位可以用弧度表示，也可以用角度表示。

◆弧度与角度的关系为：弧度/角度＝2π/360°。如2π对应360°，π对应180°，π/2对应90°，π/3对应60°，π/4对应45°，π/6对应30°。

◆相位差　两个同频率的正弦交流电，任一瞬间的相位之差称为相位差，用符号 φ 表示。

设两个同频率的正弦交流电流：

$$i_1=I_{m1}\sin(\omega t+\psi_1)$$
$$i_2=I_{m2}\sin(\omega t+\psi_2)$$

二者相位差为：

$$\varphi=(\omega t+\psi_1)-(\omega t+\psi_2)=\psi_1-\psi_2$$

根据相位差的不同，二者的相位关系如下：

（1）超前、滞后

如果 $\varphi>0$，则称 i_1 超前 i_2，或者说 i_2 滞后 i_1，如图 4-4（a）所示。

如果 $\varphi<0$，则 i_1 滞后 i_2，或者说 i_2 超前 i_1。

（2）同相

如果两个正弦量的相位差 $\varphi=0$，则称两者同相，如图 4-4（b）所示。

（3）反相

如果两个正弦两的相位差 $\varphi=\pi$，则称两者为反相，如图 4-4（c）所示。

（4）正交

如果两个正弦量的相位差 $\varphi=\dfrac{\pi}{2}$，则称两者为正交，如图 4-4（d）所示。

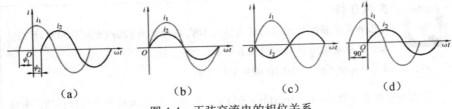

图 4-4 正弦交流电的相位关系

大师点睛

◆只有同频率的正弦交流电才可以比较相位关系。

◆习惯上规定相位差用绝对值小于 π 的角度来表示。

实例分析

已知正弦电压

$$u_1 = 311\sin(314t + 120^\circ)\text{V}$$
$$u_2 = 311\sin(314t + 30^\circ)\text{V}$$
$$u_3 = 311\sin(314t - 50^\circ)\text{V}$$

试求：u_1 与 u_2，u_2 与 u_3，u_3 与 u_1 的相位差，并说明他们之间的相位关系。

解：u_1 与 u_2 的相位差 $\varphi_{12} = \psi_1 - \psi_2 = 120^\circ - 30^\circ = 90^\circ$，$u_1$ 与 u_2 正交，u_1 且超前 u_2 90°；

u_1 与 u_3 的相位差 $\varphi_{23} = \psi_2 - \psi_3 = 30^\circ - (-50^\circ) = 80^\circ$，$u_2$ 超前 u_3 80°；

u_3 与 u_1 的相位差 $\varphi_{31} = \psi_3 - \psi_1 = -50^\circ - 120^\circ = -170^\circ$，$u_3$ 滞后 u_1 170°。

任务 3 正弦交流电的表示方法

1. 解析式法

表达交流电随时间变化规律的数字表达式称为解析式。正弦交流电动势、电压、电流的一半解析式如下：

$$e = E_m \sin(\omega t + \psi_e)$$
$$u = U_m \sin(\omega t + \psi_u)$$
$$i = I_m \sin(\omega t + \psi_i)$$

式中：E_m、U_m、I_m——正弦量的最大值或幅值；

ω——角频率；

ψ_e、ψ_u、ψ_i——初相位。

实例分析

1. 已知某正弦交流电压的最大值是10V，角频率为628rad/s，初相位时30°，求该正弦交流电压的瞬时值表达式。

解：$u = U_m \sin(\omega t + \psi_u) = 10\sin(628t + 30^\circ)$V

2. 已知正弦交流电 $u = 311\sin(314t - \frac{\pi}{6})$V，试求（1）最大值和有效值；（2）角频率、频率、周期；（3）初相位；（4）$t=0$s 和 $t=0.01$s 时的电压瞬时值。

解：（1）最大值 $U_m = 311$V，有效值 $U = 0.707U_m = 0.707 \times 311$V=220V

（2）角频率 $\omega = 314$rad/s

频率
$$f = \frac{\omega}{2\pi} = \frac{314}{2\pi} = 50\text{Hz}$$

周期
$$T = \frac{1}{f} = \frac{1}{50}\text{s} = 0.02\text{s}$$

（3）初相位
$$\psi_0 = -\frac{\pi}{6}$$

（4）$t=0$s 时，$u = 311\sin\left(314 \times 0 - \frac{\pi}{6}\right)$V $= 311\sin\left(-\frac{\pi}{6}\right)$V $= -155.5$V

$t=0.01$s 时，$u = 311\sin\left(314 \times 0.01 - \frac{\pi}{6}\right)$V $= 311\sin\left(-\frac{5\pi}{6}\right)$V $= 155.5$V

2. 波形图法

描述电动势（或电压、电流）随时间变化规律的曲线称为波形图，图4-5是正弦交流电的波形。

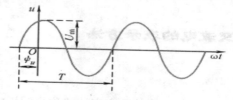

图4-5　正弦交流电波形

3. 旋转矢量法

旋转矢量和正弦交流电波形图有一一对应的关系，即旋转矢量可以完全反映交流电的三要素。这个旋转矢量在电学称为相量。

相量用大写英文字母头上加点表示，若线段的长度等于正弦交流电的最大值，则称为最大值相量，用 $\dot{I}_m$、$\dot{U}_m$、$\dot{E}_m$ 来表示。若线段的长度等于正弦交流电的有效值，则称为有效值相量，用 $\dot{I}$、$\dot{E}$、$\dot{U}$ 来表示。画法如图4-6所示。

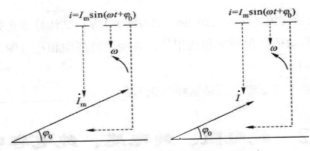

图 4-6　正弦交流电的旋转矢量表示法

只有同频率正弦量的相量才能花在同一个相量图中。

相量的加、减运算可以按平行四边形法则进行。

大师点睛

实例分析

将正弦交流电

$$u = 10\sqrt{2}\sin(314t + 45^o)\text{V}$$

$$i = 5\sqrt{2}\sin(314t + 60^o)\text{A},$$

用有效值相量表示。

解：u、i 的有效值分别为 U=10V、I=5A，初相分别为 $\psi_u = 45^o$、$\psi_i = -60^o$。有效值相量如图 4-7 所示。

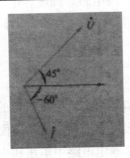

图 4-7　有效值相量

学习评价与反馈

1.知识点评价

（1）我国工频交流电频率为_____，周期为_____。

（2）正弦交流电的三要素为_____、_____和_____。

（3）正弦交流电压 $u=220\sin（314t+60°）$ V，试计算该正弦交流电压的最大值、有效值、角频率和初相位，并画出波形图和相量图。

2.自我评价

我对单相正弦交流电源是这样认识的：_____。

项目2 纯电阻、纯电感、纯电容电路

项目目标

1.知识目标

●掌握电阻元件电压与电流的关系，理解有功功率的概念；

●掌握电感元件电压与电流的关系，理解感抗、有功功率和无功功率的概念；

●掌握电容元件电压与电流的关系，了解容抗、有功功率和无功功率的概念。

2.能力目标

●能分析单相纯电阻、纯电感、纯电容电路并做出相关解答。

项目描述

单相正弦交流电路是由单相交流电压供电的电路。交流电路的负载一般是电阻、电感、电容或它们的不同组合。下面首先研究最简单的单一参数的正弦交流电路，主要是确定电路中电压和电流之间的数值关系、相位关系以及功率。

任务1 纯电阻电路

1.纯电阻电路

只含有电阻元件的交流电路叫做纯电阻电路，如白炽灯、电阻炉、电饭锅、电烙铁等这些电器工作时就可看成纯电阻电路。是一个理想化的电路，如图 4-8 所示。

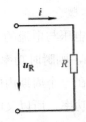

图 4-8　纯电阻电路

2. 电压与电流关系

1）数量关系

设电阻两端的电压为 $u_R = U_{Rm} \sin \omega t$。

电阻的电压和电流瞬时值符合欧姆定律：在纯电阻交流电路中，电流与电压成正比，它们的有效值、最大值和瞬时值都服从欧姆定律，即

$$I = \frac{U}{R} \quad \text{或} \quad I_m = \frac{U_m}{R} \quad \text{或} \quad i = \frac{u}{R}$$

式中：R —— 电阻值，单位是欧，符号为 Ω；

$\quad\quad\;\; I$ —— 通过电阻的电流有效值，单位是安，符号为 A；

$\quad\quad\;\; U$ —— 电阻两端的电压有效值，单位是伏，符号为 V；

$\quad\quad\;\; I_m$ —— 电流的最大值，单位是安，符号为 A；

$\quad\quad\;\; U_m$ —— 电压的最大值，单位是伏，符号为 V；

$\quad\quad\;\; I$ —— 通过电阻的电流瞬时值，单位是安，符号为 A；

$\quad\quad\;\; u$ —— 电阻两端的电压瞬时值，单位是伏，符号为 V。

2）相位关系

在纯电阻电路中，电阻两端的电压 u 与通过它的电流 i 同相位，即频率和初相相同，其波形图和相量图如图 4-9 所示。

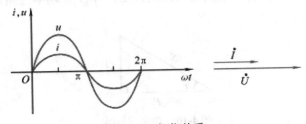

图 4-9　相位关系

综上所述，纯电阻电路中，电压和电流的相位相同，即同相位。

3）功率关系

（1）正弦交流电功率基本概念

【瞬时功率 p】任意瞬间电压与电流的乘积称为瞬时功率。设正弦交流电路的电流为 i、电压为是 u，则瞬时功率为 $p = ui$。

【有功功率 P】瞬时功率在一个周期内的平均值叫做平均功率 P，它反映了交流电路中实际消耗的功率，所以又叫有功功率，单位是瓦，符号为 W，且

$$P = UI\cos\varphi$$

式中：φ——电压、电流相位差，又叫阻抗角；

$\cos\varphi$——功率因数。

【无功功率 Q】无功功率表示交流电路与电源之间进行能量交换的规模，这部分功率没有消耗掉，而是变成其他形式的能量储存起来，单位是乏，符号为 var，且

$$Q = UI\sin\varphi$$

在（-π，π）区间内，当 $\varphi > 0$ 时，$Q > 0$，电路呈感性；

当 $\varphi < 0$ 时，$Q < 0$，电路呈容性；

当 $\varphi = 0$ 时，$Q = 0$，电路呈阻性。

【视在功率 S】在交流电路中，电源电压有效值与总电源有效值的乘积叫做视在功率，即 $S = UI$。单位是伏安，符号为 V·A。视在功率代表了交通电源可以向电路提供的最大功率。

【功率因数 $\cos\varphi$】功率因数等于有功功率与视在功率比值，即

$$\cos\varphi = \frac{P}{S}$$

【功率三角形】有功功率 P、无功功率 Q 和视在功率 S 三者之间构成直角三角形关系，称为功率三角形，即 $S = \sqrt{P^2 + Q^2}$。功率三角形如图 4-10 所示。

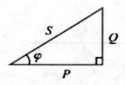

图 4-10　功率三角形

（2）纯电阻电路的功率

在纯电阻电路中，电压与电流同相，即电压和电流的相位差 $\varphi=0$，根据功率三角形可得：

有功功率：$P = UI\cos\varphi = UI = I^2R = \dfrac{U^2}{R}$

无功功率：$Q = UI\sin\varphi = 0$

视在功率：$S = UI = \sqrt{P^2 + Q^2} = P$

也就是，在纯电阻电路中，有功功率 P 总为正值，说明电阻总是再从电源吸收能量，是耗能元件。

实例分析

某家庭中安装的浴霸功率为 1100W（所有的红外线灯泡可视为纯电阻），已知交流电压为 $u=220\sin(314t+120°)$ V，试写出通过浴霸的电流的瞬时表达式。

解：$U = \dfrac{U_m}{\sqrt{2}} = \dfrac{220\sqrt{2}}{\sqrt{2}} = 220\text{V}$

$R = \dfrac{U^2}{P} = \dfrac{220^2}{1100}\Omega = 44\Omega$

则　$I_m = \dfrac{U_m}{R} = \dfrac{220\sqrt{2}}{44}\text{A} = 7.07\text{A}$

瞬时值表达式为 $i=7.07\sin(314t+120°)$ A。

任务 2　纯电感电路

1. 纯电感电路

在交流电路中，如果只有电感线圈作负载，且当线圈的电阻小到可以忽略不计时，线圈就可以看成是一个纯电感线圈，这个电路就可以看到纯电感电路。如图 4-11 所示。

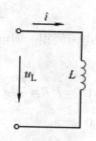

图 4-11　纯电感电路

2. 感抗

电感两端的电压与流过它的电流成正比，比例系数成为感抗。用 X_L 表示，单位为欧姆（Ω），表达式为

$$X_L = \omega L = 2\pi fL$$

式中：L —— 线圈的电感，单位是亨，符号为 H；

　　　ω —— 交流电的角频率，单位是弧度每秒，符号为 rad/s；

　　　f —— 交流电的频率，单位是赫兹，符号为 Hz。

感抗与交流电的频率 f 和电感 L 成正比。

对直流电来说，由于 $f=0$，$\omega=0$，因而感抗为零；对交流电来说，感抗与频率和电感成正比，且频率越高或电感越大，则感抗越大，对交流电的阻碍作用也越大。用于"通直流，阻交流"的电感线圈叫做低频扼流圈；用于"通低频、阻高频"的电感线圈叫做高频扼流圈。

3. 电压与电流关系

1）数量关系

在纯电感电路中，电压与电流的有效值和最大值服从欧姆定律，表示为

$$I = \frac{U_L}{X_L}$$

或

$$I_{Lm} = \frac{U_{Lm}}{X_L}$$

2）相位关系

在纯电感电路中，电感两端的电压比电流超前 90°。纯电感电路的电压电流关系如图 4-12 所示。

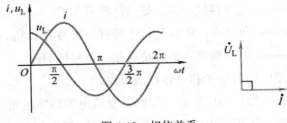

图 4-12　相位关系

3）功率关系

在纯电感电路中,电压超前电流90°,即电压和电流的相位差 $\varphi = 90°$。所以根据功率三角形可得

有功功率：$P = UI\cos\varphi = 0$

无功功率：$Q = UI\sin\varphi = I^2 X_L = U_L^2 / X_L$

视在功率：$S = UI = \sqrt{P^2 + Q^2} = Q$

有功功率 $P = 0$,说明电感不消耗功率,至于电源间进行着能量交换,是储能元件（将电能以磁场能的形式储存起来）。

任务 3　纯电容电路

1.纯电容电路

只有电容（忽略电容的损耗）的交流电路称为电容电路。如图 4-13 所示。

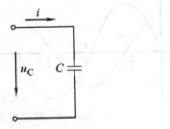

图 4-13　纯电容电路

2.容抗

电容两端的电压和流过电容的电流成正比,比例系数称作容抗,用 X_C 表示,单位为欧姆,表达式为

$$X_C = \frac{1}{\omega C} = \frac{1}{2\pi f C}$$

式中：C —— 电容容量，单位是法，符号为 F；

ω —— 角频率，单位是弧度每秒，符号为 rad/s；

f —— 电源频率，单位是赫兹，符号位 Hz。

容抗与交流电的频率 f 和电容 C 成反比。

由电容公式可知，当电容 C 一定时，交流电的频率越高，容抗越小，对交流电流的阻碍作用越小，通常称为"阻低频，通高频"；对直流电而言，由于频率 $f=0$，$\omega=0$，故 $X_C \to \infty$，电容在直流电流的作用下相当于开路，通常称为"隔直流、通交流"。

3. 电压与电流的关系

1）数量关系

在纯电容电路中，电压与电流的有效值和最大值服从欧姆定律，即

$$I = \frac{U_C}{X_C}$$

或

$$I_{Cm} = \frac{U_{Cm}}{X_C}$$

2）相位关系

在纯电容电路中，电容两端的电压滞后电流 90°。纯电容路的电压、电流关系如图 4-14 所示。

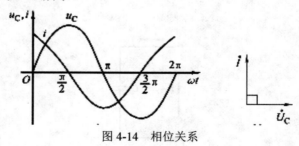

图 4-14　相位关系

3）功率关系

在纯电容电路中，电流超前电压 90°电压和电流的相位差 $\varphi=-90°$。所以根据功率三角形可得

有功功率：$P = UI\cos\varphi = 0$

无功功率：$Q = UI\sin\varphi = I^2 X_C = \frac{U_C^2}{X_C}$

视在功率：$S = UI = \sqrt{P^2 + Q^2} = Q$

有功功率 $P = 0$ ，说明电容不消耗功率，只于电源间进行着能源交换，是储能元件（将电能以电场能的形式储存起来）。

学习评价与反馈

1.知识点评价

1）电感对电流的阻碍作用叫做_____，用_____表示。

2）电容对电流的阻碍作用叫做_____，用_____表示。

3）在纯电阻交流电路中，电压与电流相位关系是_____，在纯电感交流电路中，电压与电流相位关系是_____。

4）有一电感为 0.08H 的线圈，它的电阻很小，可忽略不计，求通过 50Hz 和 10000Hz 的交流电流时的感抗。

2.自我评价

我对纯电阻、纯电感、纯电容电路是这样认识的：_____。

项目 3　认识单相正弦交流电路

项目目标

1.知识目标

● 熟悉实训室工频电源的配置。

● 了解信号发生器、交流电压表、交流电流表、钳形电流表、万用表、单相调压器等仪器仪表。

● 了解试电笔的构造，并会使用。

2.能力目标

● 能对单相插座电压进行检测。

● 会使用信号发生器、毫伏表和示波器，会用示波器观察信号波形。

● 会测量正弦电压的频率和峰值，会观察电阻、电感、电容元件上电压与电流之间的关系。

项目描述

主要介绍了单相插座电压检测和用示波器观测交流电的波形。

任务1 单相插座电压检测

【实训目的】

1. 熟悉电工实验实训室工频电源的配置。

2. 了解万用表、钳形电流表等仪器仪表。

3. 了解试电笔的构造，学会试电笔的使用。

4. 会用万用表测量交流电压。

【实训器材】

指针式万用表、试电笔、钳形电流表。

1. 正弦交流电的识别

1）正弦交流电符号与大小的识别

正弦交流电一般用字母"AC"或符号"～"表示，其大小通常用有效值表示。交流电输出如图 4-15 所示。

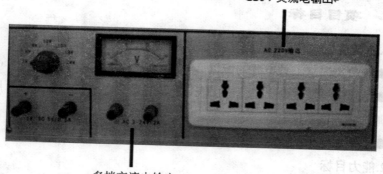

220V 交流电输出

多挡交流电输出

图 4-15 交流电输出

2）了解电工实验实训室工频电源的配置

请把你所在学校电工实训室中的工频电源配置情况填入表 4-1 中。

表 4-1 电源配置情况

序号	输出电源性质（单相、三相或可调）	输出电源大小/V	备注
1			
2			
3			
4			

2. 单相插座电压检测

单相插座为家用电器提供单相交流电源。常见插座外形如图 4-16 所示。

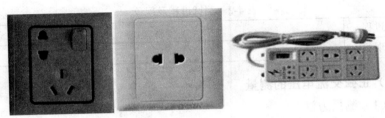

图 4-16 插座

1）试电笔

对电源板插座进行检测，可以先用试电笔检测，看是否带电。

（1）试电笔的作用与构造

试电笔又称电笔，是一种用来测试导线、开关、插座等电器是否带电的工具，由氖泡、电阻、弹簧、笔身和笔尖等组成。如图 4-17 所示。

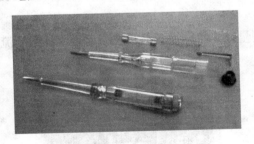

图 4-17 试电笔

（2）试电笔的操作方法

使用试电笔时，以手指触及笔尾的金属体，使氖管小窗背光向自己。使用时不能用手接触前面的金属部分。如图 4-18 所示。

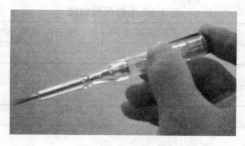

图 4-18　试电笔的操作方法

（3）测量内容

用试电笔测试插孔中 220V 交流电的火线与零线，并把测试过程与现象填入表 4-2 中。

表 4-2　测试过程及现象

测试过程	
测试现象	

2）正弦交流电压的测量

（1）测量方法

测量交流电压一般用交流电压表，工程上，通常用万用表的交流电压挡进行测量。测量之前应先选择。测量步骤如下：

①正确插入表笔。

②选择合适的档位与量程。可先把挡位与量程开关打在交流 500V，然后根据被测值的大小逐渐减小，直到合适为止（250V 量程）。

③测量读数。读数方法与测直流电压时相同，万用表读数为交流电压有效值。

④归挡。测量完毕将转换开关拨在万用表空挡或交流电压最高档。

图 4-19　万用表测量交流电压

（2）测量内容

①测三相交流电源中的线电压，即两根相线之间的电压，一般为 380V 左右。

②测单相交流电源的电压值，即相线与零线之间的电压，一般为 220V 左右。

③测可调交流电源中的部分电压值。

表 4-3　测量结果

序号	交流电压	测量结果
1	线电压：380V	
2	相电压：220V	
3	交流可调电压：3V、6V、9V、12V、15V、18V、24V	

3）交流电流的测量

工程上通常使用钳形电流表来测量线路中的电流。

（1）钳形电流表

钳形电流表是一种测量交流电流的专用仪表，其最大特点是携带方便，可在不断开线路的情况下测量线路中的电流。结构见图 4-20。

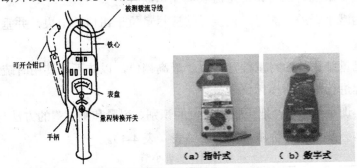

图 4-20　钳形电流表外形

（2）钳形表使用方法钳形电流表外形

①测量前，先机械调零。

②估计被测电流大小，选择合适量程。若无法估计，应从最大量程开始测量，逐步变换。

③测量时，将被测支路导线置于钳口的中央。当指针稳定，进行读数。

电路电流=选择量程÷满刻度数×指针读数

④测量小电流时，为使读数更准确，在条件允许时，可将被测载流导

线多绕几匝再放入钳口，测量结果为读数除以所绕圈数。

电路电路=（选择量程÷满刻度数×指针读数）/N

图 4-21　钳形电流表测量电流

（3）钳形表注意事项

①测量前，检查钳形电流表铁心的橡胶绝缘是否完好，钳口应清洁、无锈，闭合后无明显的缝隙。

②改变量程时应将钳形电流表的钳口断开。

③为减小误差，测量时被测导线应尽量位于钳口的中央，并垂直于钳口。

④测量结束，应将量程开关置于最高档位，以防下次使用时疏忽，未选准量程进行测量而损坏仪表。

【实训小结】把"把正弦交流电的识别、测量和测试"的方法与步骤、收获与体会及实训评价填入实训小结表（表 4-4）。

表 4-4　实训小节

方法与步骤	
收获与体验	

实训过程评价		
序号	评价内容	评价等级说明（好、较好、一般、差）
1	任务完成情况	
2	仪器仪表使用	
3	安全文明操作	
4	团队协作精神	

任务 2 用示波器观测交流电的波形

【实训目的】

1.学会函数信号发生器、示波器和毫伏表的使用。

2.掌握用示波器观测正弦交流电压的幅值与周期，并能正确读数。

3.掌握用毫伏表测量交流信号的有效值的操作方法。

【实训器材】

示波器、信号发生器、毫伏表。

1.认识信号发生器、示波器与毫伏表的操作面板

1）信号发生器

信号发生器又称信号源或振荡器，在生产实践和科技领域中有着广泛的应用。能够产生多种波形，如三角波、锯齿波、矩形波（含方波）、正弦波的电路被称为函数信号发生器，外形如图 4-22。函数信号发生器在电路实验和设备检测中具有十分广泛的用途。

图 4-22 信号发生器

函数信号发生器在电路实验和设备检测中具有十分广泛的用途。例如在通信、广播、电视系统中，都需要射频（高频）发射，这里的射频波就是载波，把音频（低频）、视频信号或脉冲信号运载出去，就需要能够产生高频的振荡器。在工业、农业、生物医学等领域内，如高频感应加热、熔炼、淬火、超声诊断、核磁共振成像等，都需要功率或大或小、频率或高或低的振荡器。

（1）信号发生器使用方法

①电源开关（POWER）：将电源开关按键弹出即为"关"位置，将电

源线接入，按电源开关，以接通电源。

②LED 显示窗口：此窗口指示输出信号的频率，当"外测"开关按入，显示外测信号的频率。如超出测量范围，溢出指示灯亮。

③频率调节旋钮（FREQUENCY）：调节此旋钮改变输出信号频率，微调旋钮可微调频率。

④占空比（DUTY）：占空比开关，占空比调节旋钮，将占空比开关按入，占空比指示灯亮，调节占空比旋钮，可改变波形的占空比。

⑤波形选择开关（WAVE FORM）：按对应波形的某一键，可选择需要的波形。

⑥衰减开关（ATTE）：电压输出衰减开关，二档开关组合为20dB、40dB、60dB。

⑦频率范围选择开关（频率计闸门开关）：根据所需要的频率，按其中对应键。

⑧复位开关：按计数键，LED 显示开始计数，按复位键，LED 显示全为0。

⑨计数/频率端口：计数、外测频率输入端口。

⑩外测频开关：此开关按入，LED 显示窗显示外测信号频率或计数值。

⑪电平调节：按入电平调节开关，电平指示灯亮，此时调节电平调节旋钮，可改变直流偏置电平。

⑫幅度调节旋钮（AMPLITUDE）：顺时针调节此旋钮，增大电压输出幅度。逆时针调节此旋钮可减小电压输出幅度

⑬电压输出端口（VOLTAGE OUT）：电压输出由此端口输出。

⑭TTL/CMOS 输出端口：由此端口输出 TTL/CMOS 信号。

⑮VCF：由此端口输入电压控制频率变化。

⑯扫频：按入扫频开关，电压输出端口输出信号为扫频信号，调节速率旋钮，可改变扫频速率，改变线性/对数开关可产生线性扫频和对数扫频。

⑰电压输出指示：3 位 LED 显示输出电压值，输出接 50Ω 负载时应将读数除 2。

⑱50Hz 正弦波输出端口：50Hz 约 2Vp-p 正弦波由此端口输出。

（2）信号发生器面板各旋钮的功能

①波形选择键，可以按需要选择三种不同的波形。

②幅度调节旋钮，可以在 10 倍范围内调整输出信号的电压。

③频率调节旋钮，可以在 10 倍范围内调整输出信号的频率。

④幅度调节旋钮，可以在 10 倍范围内调整输出信号的电压。

⑤频率范围选择键，可将 0.1Hz～200kHz 信号分成六个范围。

×1 挡　　　　可输出 0.1～2Hz 范围的信号频率

×10 挡　　　　可输出 10～20Hz 范围的信号频率

×100 挡　　　可输出 10～200Hz 范围的信号频率

×1K 挡　　　可输出 100～2000Hz 范围的信号频率

×10K 挡　　　可输出 1～20kHz 范围的信号频率

×100K 挡　　　可输出 10～200kHz 范围的信号频率

（3）信号发生器注意事项

①接通电源前请先将以下开关弹出：电源开关、衰减开关、外测频开关（F2）、电平开关、扫频开关、占空比开关。

②各输出、输入端口，不可接触交流供电电源。

③各输出、输入端口，不可接触正负 30V 以上直流或交流电源。

④输入端口尽量避免长时间短路（小于 1 分钟）或电流倒灌。

⑤不可用连接线拖拉仪器。

⑥为了确保仪器精度，请勿将强磁物体靠近仪器。

2）示波器

示波器是一种用途很广的电子测量仪器，它既能直接显示电信号的波形，又能对电信号进行各种参数的测量。图 4-23 为示波器实物。

图 4-23　示波器

（1）示波器使用方法

①显示部分

荧光屏： 荧光屏是示波器的显示部分。屏上水平方向和垂直方向各有多条刻度线，指示出信号波形的电压和时间之间的关系。水平方向指示时间，垂直方向指示电压。水平方向分为 10 格，垂直方向分为 8 格，每格又分为 5 份。

电源开关：示波器主电源开关。当此开关按下时，电源指示灯亮，表示电源接通。

辉度：旋转此旋钮能改变光点和扫描线的亮度。观察低频信号时可小些，高频信号时大些。一般不应太亮，以保护荧光屏。

聚焦：调整光点或波形清晰度。聚焦旋钮调节电子束截面大小，将扫描线聚焦成最清晰状态。

标准信号输出：1kHz、1V 方波校准信号由此引出。加到 Y 轴输入端，用以校准 Y 轴输入灵敏度和 X 轴扫描速度。

②垂直偏转系统

CH1：通道 1（CH1）垂直放大器信号输入 BNC 插座。当示波器工作于 X-Y 模式时作为 X 信号的输入端。

CH2：通道 2（CH2）垂直放大器信号输入 BNC 插座。当示波器工作于 X-Y 模式时作为 Y 信号的输入端。

输入耦合方式选择开关：选择"地"时，扫描线显示出"示波器地"在荧光屏上的位置。

DC 耦合用于测定信号直流绝对值和观测极低频信号。

AV 耦合用于观测交流和含有直流成分的交流信号。

VOLTS/DIV：垂直轴电压灵敏度切换、阶梯衰减器开关,分十个档位。5 代表每格 0.5V。如果使用的是 10:1 的探头,计算时将幅度×10。

微调：可变衰减旋钮/增益×5 开关。逆时针方向旋转，可使显示波形的幅度连续减小，直至原来幅度的 1/2.5。

反相：将通道的信号将被反相。

↑↓：CH1 的垂直位置调整旋钮/直流偏移开关。调节 CH1 轨迹在屏幕上的垂直位置。

垂直轴工作方式选择开关：CH1：仅显示 CH1 的信号。

CH2：仅显示 CH2 的信号。

交替：交替显示方式。

叠加：叠加显示方式。

③水平偏转系统

TIME/DIV：扫描速度切换开关，可同时控制 CH1 或 CH2 通道。共 19 档，可在 0.2μs/div 至 0.2s/div 范围选择扫描速率。如 2ms，代表每横格是 2ms。当置于 X-Y 位置时，示波器为 X-Y 工作方式。CH1 为 X 信号通道，CH2 为 Y 信号通道。

扫描微调：扫描速度可变旋钮，一般处于校准位置。（瞬时针方向旋转到底）

←→：水平位置旋钮/扫描扩展开关，用于调节轨迹在水平方向的上移动。

扩展：拉出时，扫描因数×10 扩展，扫描时间为 TIME/DIV 开关指示值的 1/10。

④触发系统

触发耦合即抑制特殊信号。

AV：交流耦合，只允许用触发信号的交流分量触发，触发信号的直流分量被隔断。

DC：直流耦合，不隔断触发信号的直流分量。

高频：高频耦合，触发信号经过高通滤波器加到触发电路，触发信号的低频成分被抑制。

TV：视频信号耦合

（2）示波器注意事项

①荧光屏上的光点不能调得太亮，并且不能长时间停留在屏上，以免损坏荧光屏。

②使用示波器应轻轻旋动各旋钮，当旋钮拧不动时不可强拉硬转，否则将损坏仪器。

③实验过程中，光点强度不能太高，短时间不使用时，应将辉度关掉。

（3）示波器的读数

大多数示波器都有在屏幕上的游标，它可以让您在屏幕上自动进行波形测量，而不用必须数刻度标识。一个光标就是一条您可以在屏幕上移动的线。两条水平光标线可以被上下移动来括出波形幅值以用于电压测量，同样，两条垂直线可以左右移动以用于时间测量。在它们位置上的读数指示出电压或者时间。

①测量交流信号的峰值

电压测量的最基本方法是计算在示波器垂直刻度上波形跨距的分割数目。调整信号使其在垂直方向上覆盖大部分屏幕，会得到最佳电压测量所使用的屏幕区域越大，从屏幕上所读的值就越精确（图4-24）。

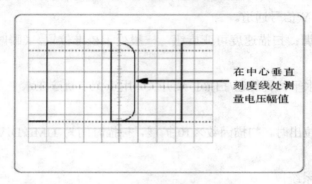

在中心垂直刻度线处测量电压幅值

图4-24　测量交流信号的峰值

●调节 CH1 灵敏度选择开关 VOLTS/DIV，使屏幕上显示的波形幅度适中。

●若波形不稳定，可调节"触发电平"旋钮，使之稳定。被测信号的峰的峰值=CH1 灵敏度选择开关指示的标称值×被测信号的在 Y 轴方向所占格数。

②测量交流信号的周期

对于周期性的被测信号，只要测定一个完整周期 T，则频率

$$f（Hz）=1/T（s^{-1}）$$

●调节扫描速度切换开关（TIME/DIV），使波形的周期显示尽可能大。

●读取波形一个周期所占格数及扫描速度 TIMES/DIV，则被测信号的周期为：T=波形一个周期所占格数×扫描速度切换开关（TIME/DIV）指示值 f=1/T（Hz）。

③直流电压的测量

将 Y 轴输入耦合开关置于"地"位置，触发方式开关置"自动"位置，使屏幕显示一水平扫描线，此扫描线便为零电平线。

将 Y 轴输入耦合开关置"DC"位置，加入被测电压，此时，扫描线在 Y 轴方向产生跳变位移 H，被测电压即为"V/div"开关指示值与 H 的乘积。

④相位的测量

利用示波器测量两个正弦电压之间的相位差具有实用意义，用计数器可以测量频率和时间，但不能直接测量正弦电压之间的相位关系。

用双踪示波器在荧光屏上直接比较两个被测电压的波形来测量其相位关系。测量时，将相位超前的信号接入 YB 通道，另一个信号接入 YA 通道。选用 YB 触发。

调节"t/div"开关，使被测波形的一个周期在水平标尺上准确地占满 8div，这样，一个周期的相角 360°被 8 等分，每 1div 相当于 45°。读出超前波与滞后波在水平轴的差距 T，按下式计算相位差 ϕ：$\phi = 45°/\text{div} \times T$ (div)。如 T=1.5div，则 $\phi = 45°/\text{div} \times 1.5\text{div} = 67.5°$

3）毫伏表

交流毫伏表只能在其工作频率范围之内，用来测量正弦交流电压的有效值。图 4-25 为毫伏表外形。

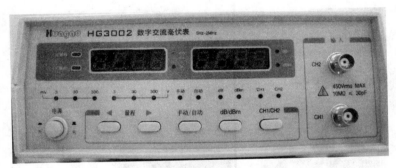

图 4-25　毫伏表

（1）面板介绍（图 4-26）

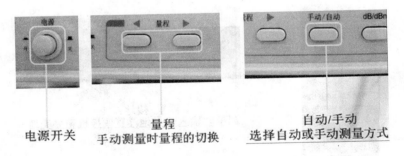

电源开关　　　　量程　　　　　　自动/手动
　　　　手动测量时量程的切换　选择自动或手动测量方式

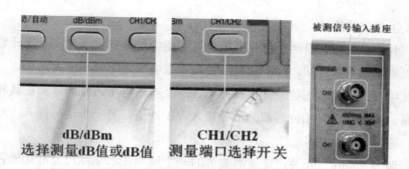

dB/dBm
选择测量dB值或dB值

CH1/CH2
测量端口选择开关

被测信号输入插座

欠量程指示灯：当手动或自动测量方式时，读数低于300时该指示灯闪烁

过量程指示灯：当手动或自动测量方式时，读数超过3999时该指示灯闪烁

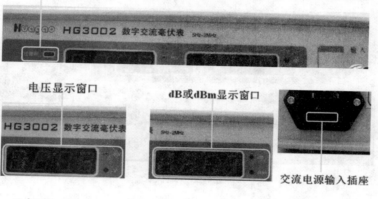

电压显示窗口

dB或dBm显示窗口

交流电源输入插座

保险丝

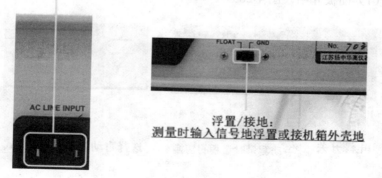

浮置/接地：
测量时输入信号地浮置或接机箱外壳地

图 4-26　毫伏表面板介绍

（2）使用说明

①电源开启后，仪器进入产品提示和自检状态，自检通过后进入测量状态。进入测量状态后，仪器处于 CH1 输入，手动量程 300V 档，电压显示窗口和 dB 显示窗口有显示。

②按面板上的【CH1/CH2】键，选择 CH1 或 CH2 通道工作，如 CH1 灯亮为选通 CH1 通道，测量指示为 CH1 通道信号的电压值。

③按【自动/手动】键，选择自动或者手动测量方式。当选择自动测量方式时，仪器能根据被测信号的大小自动选择测量量程，同时允许用手动按键设置量程选择。当采用手动测量方式时，用户可根据仪器的提示设置量程。若"过量程"灯亮，电压显示 HHHHV，dB 显示为 HHHHdB，应该手动切换到上面较大的量程。当"欠量程"灯亮时，用户应切换到下面较小的量程测量。

④采用浮置或接地方式。当将后面板上的"浮置/接地"开关置于浮置时，输入信号地与外壳处于高阻状态，当开关置于接地时，输入信号地与外壳接通。

在以下几种情况下，不宜采用接地方式。

在音频信号传输中，有时需要平衡传输，此时测量其电平时，不能采用接地方式，需要浮置测量。

在测量 BTL 放大器，输入两端任一端都不能接地，否则将会引起测量不准甚至烧坏功放，此时宜采用浮置方式。

某些需要防止地线干扰的放大器或带有直流电压输出的端子及元器件二端电压的在线测试等均可用浮置方式测量，以免由于公共接地带来的干扰或短路。

（3）注意事项

①仪器使用电压为 220V，50Hz，应注意不应过高或过低。

②仪器在使用过程中不要频繁地开机和关机，关机后重新开机的时间要大于 5 秒。

③仪器在开机或者使用过程中若出现死机现象，应先关机然后再开机检查。

④在使用过程中，不要长时间输入过量程电压。

⑤在自动测量过程中，进行量程切换时会出现瞬时的过量程现象，此

时只要输入电压不超过最大量程，片刻后读数即可稳定下来。

⑥在测量过程中，若"过量程"或"欠量程"指示灯闪烁，应切换量程，否则其测量读数只供参考。

2. 用示波器观测正弦交流电波形

1）观测"3V 1kHz"正弦交流电压的波形、幅度与周期

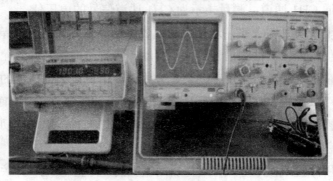

图 4-27 示波器观察

用示波器观测由信号发生器输出的正弦交流电波形操作步骤：

（1）接通低频信号发生器电源，选择正弦波输出，调节输出正弦交流信号的频率和幅值分别为 1kHz、3V。

（2）接通示波器电源，调整示波器扫描光迹。将耦合选择开关置于"⊥"位置，调整扫描光迹使其显示屏中心处出现一条稳定的亮线。

（3）校正。将 0.3VP-P 频率为 1kHz 的方波信号通过"CH1"通道输入，并进行校正。

（4）输入被测信号。将信号发生器输出的正弦交流信号通过"CH1"通道输入，通过调节幅度量程选择开关与时间量程选择开关等，使被测信号波形在屏幕上显示 1~2 个周期、满屏 2/3 的稳定波形。

（5）正确读数。将所测正弦交流电的峰-峰值、最大值、有效值、周期和频率填入相应技训表。

2）观测"6V 50Hz"正弦交流电压的波形、幅度与周期

操作步骤：

（1）节函数信号发生器输出正弦交流信号的频率和幅值分别为 50Hz、6V。

（2）重复 1）中（4）（5）步骤，把测量结果填入如表 4-5 所示技训表。

表4-5　示波器测试技训表

测量项目 （信号发生器 输出）	V/DIV	峰—峰 值格数	峰—峰值 （V_{P-P}）	最大值	有效值	T/DIV	波形1 个周期 格数	周期 （T）	频率 （f）
频率为1kHz、 最大值为3V 正弦交流信号									
频率为50kHz、 最大值为6V 正弦交流信号									

3. 使用毫伏表测量交流信号有效值

1）测量实物（图4-28）

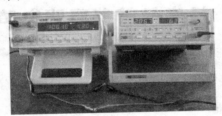

图4-28　毫伏表测直流信号实物图

2）操作步骤

（1）调节低频信号发生器输出的正弦交流信号频率和幅值分别为1kHz、3V。

（2）接通交流毫伏表电源，使其处于测试状态。

（3）将信号发生器输出的交流信号输入到交流毫伏表的输入端。

（4）正确读数。并将被测值填入相应技训表。

（5）将低频信号发生器输出的正弦交流信号频率和幅值调节为1kHz、5V，重复上述测试过程，并将被测值填入表4-6所示技训表。

表4-6　毫伏表测试技训表

信号发生器输出信号	毫伏表读数	有效值
1kHz、3V（最大值）		
1kHz、5V（最大值）		

【实训小结】

把"把函数信号发生器、示波器和毫伏表的使用"的方法与步骤、收获与体会及实训评价填入表 4-7 所示实训小结表。

表 4-7　实训小结

方法与步骤	
收获与体验	

实训过程评价		
序号	评价内容	评价等级说明（好、较好、一般、差）
1	任务完成情况	
2	仪器仪表使用	
3	安全文明操作	
4	团队协作精神	

项目 4　插座与简单照明电路的安装

项目目标

1）知识目标

● 认识各种简单照明电路的元器件并会检测。

● 掌握简单照明电路的安装过程。

2）能力目标

● 能利用电工用具对导线进行绝缘层的剖削和绝缘层的恢复。

● 会安装单相插座。

● 会用万用表检测开关、白炽灯的好坏。

● 能识读电路图，会按图安装调试简单照明电路。

项目描述

实训器材：电工工具、万用表、断路器、灯头座及螺口灯头、开关、插座、铜线、自攻螺钉、实训用配电板。

任务 1　插座及单灯单控电路安装

在照明电路中，用一只开关来控制一盏灯或一组灯的控制方式称为单灯单控照明电路，它是应用最广泛的一种照明电路。在家庭用电中，冰箱、电视机、洗衣机、电磁炉等都是靠插座来提供电源的。

1. 识读电路图

图 4-29 为插座及单灯单控电路图。

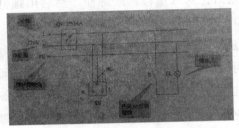

图 4-29　插座及单灯单控电路图

该电路由断路器 QF（带漏电保护）、插座 XS（单相三孔插座）、开关 S、白炽灯 EL 及若干导线组成。接通电源，合上开关 S，220V 交流电压将通过电源线、开关加在白炽灯两端，灯亮。同时插座接入单相交流点，为用电器提供单相电源。

实际生产中，每套住宅的空调器及其他电源插座与照明系统应分开，每路均由独立的断路器控制。

2. 元器件认识与检测

1）开关

开关是接通或断开照明灯具的器件，与被控照明电路相串联，用来控制电路的通断。按安装形式分为明装式和暗装式：明装式有拉线开关和扳把开关（又称平头开关），暗装式有翘板式开关和触碰式开关。按结构不同分为单联开关、双联开关、单控开关、双控开关和旋转开关等。家庭装潢中普遍使用的单控开关外形和接线如图 4-30 所示。

接线螺钉1
接线螺钉2

图 4-30　开关

安装、接线要求：开关一定要接在相线上。明装时通常应装在塑料接线盒内，塑料接线盒用螺钉固定在安装板上。

工程实际中，开关一般安装在门边便于操作的位置，翘板暗装开关接线盒安装时，应先钻孔塞入塑料膨胀螺栓，然后用螺钉固定，一般距地1.3m，距门框 150～200mm。

2）灯头及灯座

生活照明常用白炽灯和节能灯。普通白炽灯主要由玻壳、灯丝、灯头等组成。它是将电能转化为光能的，以提供照明的设备。电流通过灯丝（钨丝，熔点达 3000℃）时产生热量，螺旋状的灯丝不断将热量聚集，使得灯丝的温度达 2000℃以上，灯丝在处于白炽状态时，就象烧红了的铁能发光一样而发出光来。灯丝的温度越高，发出的光就越亮。故称之为白炽灯。

白炽灯泡有插口和螺口两种形式，见图 4-31。白炽灯结构简单、安装方便、价格低廉，但发光效率低，寿命短，尽量采用节能灯供电。

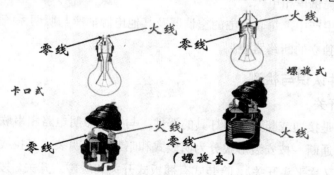

零线　火线　火线　零线　螺旋式　卡口式　火线　零线　零线　火线（螺旋套）

图 4-31　灯头及灯座

灯座是用来固定灯头的，按结构不同有插口式和螺口式两种，见图4-31。按其用途不同有普通型、防水型、安全型和多用型；按其安装方式有吊装式、平装式和管装式。

在对灯座安装、接线时应注意：

（1）平装螺口灯座安装时，先拧下螺口外壳，让导线从灯座底部穿入，并将来自开关的电源相线接到中心弹簧片的接线螺钉上，中心线接另一螺钉。

（2）插口式吊装灯座必须用两根绞合的花线作为与挂线盒的连接线，吊装灯座安装步骤如下：

①将两端线头绝缘层剥去。

②将上端塑料软线穿入挂线盒盖孔内打个结，使其能承受吊灯的重量。

③把软线上端两个线头分别穿入挂线盒底座凸起部分的两个侧孔里，再分别接到两个接线桩上，罩上挂线盒盖。

④将下端塑料软线穿入吊装灯座盖孔内也打一个结，把两个线头接到吊装灯座上的两个接线桩上，罩上盖子即可。安装方法如图 4-32 所示。

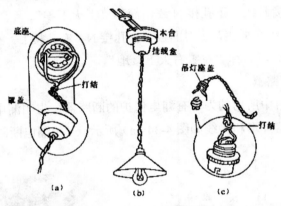

图 4-32　灯座安装方法

3）插座

插座是专为移动照明电器、家用电器和其他用电设备提供电源的，它的种类很多，按安装位置分为明装插座和暗装插座；按电源相数分，有单相插座和三相插座；按其基本结构分为单相双极两孔、单相三极三孔、三相四极四孔插座等。目前新型的多用组合插座或接线板更是品种繁多，将两孔与三孔、插座与开关、开关与安全保护等合理地组合在一起，既安全又美观，在家庭和宾馆得到了广泛应用。常见插座外形及接线如图 4-33 所示。

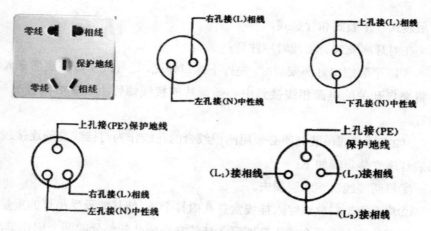

图4-33　常见插座外形

插座的安装接线应特别注意：

（1）对于单相两孔插座有横装和竖装两种，横装时，一般都是左孔接中性线（俗称零线）N，右孔接相线（俗称火线）L，简称"左零右火"；竖装时，上孔接L线，下孔接N线，简称"上火下零"。

（2）单相组合插座，正对面板，左孔接N、右孔接L、上孔接保护地线（用PE表示），简称"左零右火上接地"。

4）漏电断路器

本实训项目中所用的为带有漏电保护的断路器，也叫漏电开关。常用单相漏电断路器外形和接线如图4-34（a）所示，三相漏电断路器如图4-34（b）所示。

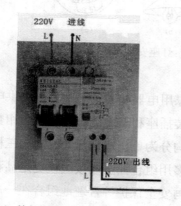

（a）单相漏电断路器外形和接线

（b）三相漏电断路器

图4-34　漏电断路器

漏电断路器安装接线时应注意如下几个方面：

（1）安装漏电断路器前应仔细检查其外壳、铭牌、接线端子、试验按钮及合格证等是否完好。

（2）漏电断路器应垂直于配电板安装，标有电源侧（进线端）和用电负荷侧（出线端）的漏电断路器不得接反，否则会导致电子式漏电断路器的脱扣线圈无法随电源切断而断电，可能长时间通电而烧毁。

（3）安装时必须严格区分 N 线和 PE 线，不得接错或短接，否则会导致其误动作或拒动作。一般器件上有标记——"L" 或 "相线"、"N" 或 "零线"。

（4）安装完毕后，应操作试验按钮三次，带负载分合三次，确认动作无误，方可投入使用。

（5）选用漏电断路器时，一般环境选择动作电流不超过 30mA。动作时间不超过 0.1s。

3. 电路安装

1）检测电器元件

（1）用万用表检测开关好坏

①将表笔正确插入万用表，将挡位调至通断挡（有扬声器标识），短接两个表笔，若扬声器发出声响则可确认万用表该挡正常。

②测量开关两个触点，按动开关两次，若一次不响（电阻值为∞），一次发出声响（电阻值为 0），则开关良好。

（2）用万用表检测白炽灯好坏

用万用表测灯泡电阻的方法来检测白炽灯质量好坏。

2）安装、接线

（1）安装电器元件

参照图 4-35 在配电板上安装电器元件。

安装电器元件的工艺要求如下：

①元器件布置成整齐匀称，间距合理。

②紧固个元器件时，用力要均匀，紧固程度应适当，注意用螺钉旋具轮换旋紧对角线上的螺钉，并掌握好旋紧度，手摇不动后再适当旋紧些即可。

③各电器元件之间应留足安全操作距离，漏电断路器上方 50mm 内不

得安装其他任何电器元件，以免影响散热。

（2）接线

按插座及单灯单控电路图，完成板前明配线，也可以用塑料槽板配线。图 4-35 所示为电路安装示意图。

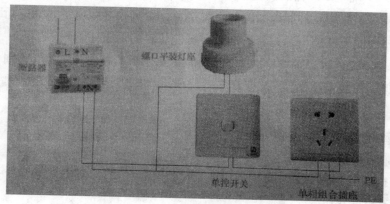

图 4-35　单灯单控电路图

板前明配线的工艺要求如下：

①相线和中线应严格区分，对螺口平装灯座，相线必须接在与灯座中心点相连的接线端上，中性线接在与螺口相连的接线端上。

②开关应串联在通往灯座的相线上，使相线通过开关后进入灯座。

③注意保持横平竖直，尽量不交叉、不架空。

④所有硬导线应可靠压入接线螺钉垫片下，不松动，不压皮，不露铜。多股铜芯必须绞紧，并经 U 形压线端子后再进入各电气设备的接线柱或瓦形垫片锁紧。

⑤用双股棉织绝缘软线时，有花色的一根导线接相线，没有花色的导线接中性线。

⑥导线与接线螺钉连接时，先将导线的绝缘层剥去合适的长度，再将导线拧紧以免松动，最后弯成羊眼圈状且方向应与螺钉拧紧的方向一致。

注意：相线、中（性）线并排走，中（性）线直接入灯座，相线经过开关入灯座。

4．通电运行

1）自检电路

接线完毕，对照原理图用万用表检查线路是否存在短路现象；旋入螺口灯头，按动开关，测量回路通断情况；测量插座孔与相应导线的对应关系，不能错乱。

2）通电运行

经自检电路后，再由教师检查无误后，在教师的指导下合上漏电断路器，通电观察结果。应重点注意如下几个方面：

①按动开关，观察灯头是否受控，是否正常发光，有无异常现象。

②插座电压符台要求，用试电笔试验是否符合"左零右火"的基本原则；用万用表交流电压挡测量插座电压是否正常（将万用表打到交流 220V 电压挡）。

5. 清理现场

实训结束后清理现场，收好工具、仪表，整理实训台。

任务 2　两控一照明电路安装

两控一照明即两只开关控制一盏灯，用于楼梯上下，使人们在上下楼梯时都能开启或关闭照明灯，既方便使用叉能节约电能；用于卧室照明，在卧室门口装一只开关，在床头装一只开关，这样对房间照明的控制就方便多了。

1. 认识单联双控开关

1）外形与接线要求

常见双控开关的外形和接线如图 4-36 所示。双控开关有三个接线柱，其中 1 为连铜片（简称连片），它就像一个活动的桥梁一样，无论怎样按动开关，连片总要跟柱 2、3 中的一个保持接触，从而达到控制电路通或断的目的。

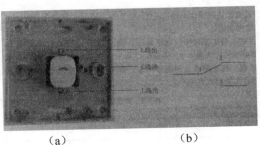

（a）　　　　　　　　　（b）

图 4-36　外形与接线

2）检测

用万用表的通断挡查找出双控开关的常开常闭触点，请在下方写出检测步骤。

2. 补全电路图

控制要求为：①实现两个双控开关两地控制一盏灯；②接有一只单相三孔插座。根据任务一所学知识，将图4-37补充完整。

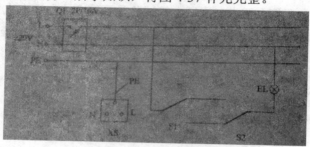

图4-37 补全电路图

3. 电路安装与通电运行

电路安装接线的工艺要求与任务一相同，只是在自检电路时需要依次闭合双控开关，测量回路通断情况（万用表置于欧姆挡，表笔分别接触L、N两端）。自检电路后，请老师检查，无误后通电运行。

4. 电路参数测量

（1）用万用表测量灯两端的电压U_1和电源两端电压U。将测量结果记入表4-8。

（2）电路改装并测量：

①两盏灯并联。将电路改为两盏灯并联，观察灯的亮暗变化，测量每盏灯两端的电压与电源电压，测量结果记入表4-8。测量时可采用多次测量取平均值的方法减小误差。

②两盏灯串联。将电路改为两盏灯串联，观察灯的亮暗变化，测量每盏灯两端的电压与电源电压，测量结果记入表4-8中。

表4-8 测量结果

项目	电源电压 U/V	U_1电压/V	U_2电压/V	结果分析
一盏灯				
两灯并联				
两灯串联				

对以上测量数据结果进行分析，总结电阻串联电路和电阻并联电路中的电压关系。

5.清理现场

实训结束后清理现场，收好工具、仪表，整理实训台。

【实训小结】

把"插座与简单照明电路的安装"的方法与步骤、收获与体会及实训评价填入实训小结表 4-9。

表 4-9　实训小结

方法与步骤	
收获与体验	

实训过程评价		
序号	评价内容	评价等级说明（好、较好、一般、差）
1	任务完成情况	
2	仪器仪表使用	
3	安全文明操作	
4	团队协作精神	

项目 5　串联电路

项目目标

1.知识目标

●理解 RL 串联电路的阻抗概念，掌握电压三角形、阻抗三角形的应用。

●理解 RC 串联电路的阻抗概念，掌握电压三角形、阻抗三角形的应用。

●理解 RLC 串联电路的阻抗概念，掌握电压三角形、阻抗三角形的应用。

●交流串联电路实验：会使用交流电压表、电流表，熟悉示波器的使用，会用示波器观察交流串联电路的电压、电流相位差。

2.能力目标

●能对简单串联电路进行计算。

项目描述

介绍了三种不同的串联电路：RL 串联电路、RC 串联电路、RLC 串联电路，最后介绍了用示波器观察交流串联电路的电压、电流相位差。

任务 1   RL 串联电路

1. RL 串联电路中电压间的关系

荧光灯正常点亮后，电路可等效成图 4-38 所示 RL 串联电路。

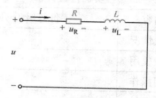

图 4-38   RL 串联电路

由于 RL 串联灯路中各元件流过相同的电流，分析时一般以正弦电流为参考正弦量。设电路中电流为 $i = I_m \sin \omega t$，根据 R、L 的基本特性，可得各元件两端电压为：$u_R = Ri = RI_m \sin \omega t$，$u_L = X_L I_m \sin (\omega t + 90°)$

则任意时刻总电压 u 为：$u = u_R + u_L$

两个正弦量相加，采用相量计算较方便，以为参考相量，作出相量图，如图 4-39 所示，图中 φ 为电路电压与电流的相位差。

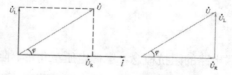

图 4-39   RL 串联电路相量图

（1）U、U_R、U_L 构成直角三角形，称为电压三角形。

（2）电压之间的数量关系为 $U = \sqrt{U_R^2 + U_L^2}$。

在 RL 串联电路中，电阻两端电压 $U = RI$，电感两端电压 $U_L = X_L I$，中，得到

$$|Z| = \frac{U}{I} = \sqrt{R^2 + X_L^2}$$

Z 为一个复数，称为复阻抗，其实部为电阻，虚部为电抗，其模为阻抗，表示电阻和电感对交流电呈现的阻碍作用，单位为欧（Ω）。

φ 又可看作复阻抗的辐角，称为阻抗角。

2. RL 串联电路的功率

将电压三角形三边同时乘以 I，就可以得到有功功率、无功功率和视在功率组成的三角形——功率三角形，如图 4-40 所示。

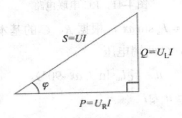

图 4-40　RL 串联电路功率三角形

【有功功率】电阻是耗能元件，它消耗的功率就是该电路的有功功率，即：

$$P = U_R I = RI^2 = \frac{U_R^2}{R} = UI\cos\varphi = S\cos\varphi$$

【无功功率】电阻和电感串联电路中，只有电感和电源进行能量交换，所以无功功率为：

$$Q = U_L I = X_L I^2 = \frac{U_L^2}{X_L} = UI\sin\varphi = S\sin\varphi$$

【视在功率】电源提供的最大可能功率，又称作容量，即

$$S = UI$$

从功率三角形可以得到　　　$S = \sqrt{P^2 + Q^2}$

阻抗角（又称功率因数角）的大小为：

$$\varphi = \arctan\frac{Q}{P}$$

任务 2　RC 串联电路

电阻电容的串联电路如图 4-41 所示。

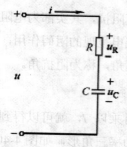

图 4-41　RC 串联电路

设电路中电流为 $i=I_m\sin\omega t$，根据 R、C 的基本特性，可得 R 两端电压为 $u_R=Ri=RI_m\sin\omega t$，C 两端电压

$$u_C=X_CI_m\sin（\omega t-90°），$$

在任意时刻总电压 u 为：

$$u=u_R+u_C$$

以 I 为参考相量，作出电压相量图，如图 4-42（a）所示。依照 RL 串联电路同样的方法，可以到的阻抗三角形和功率三角形，如图 4-42（b）和图 4-42（c）所示。

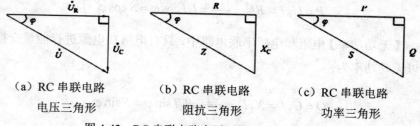

（a）RC 串联电路　　　（b）RC 串联电路　　　（c）RC 串联电路
　　电压三角形　　　　　　阻抗三角形　　　　　　功率三角形

图 4-42　RC 串联电路电压、阻抗、功率三角形

任务 3　RLC 串联电路

1. RLC 串联电路

电路图如图 4-43 所示。

■开关 SA 闭合后接交流电压，灯泡微亮。

■再断开 SA，灯泡突然变亮。

■测量 R、L、C 两端电压 U_R、U_L、U_C。

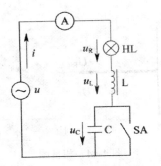

图 4-43　RLC 串联电路图

$$U_R + U_L + U_C \neq U$$

2. 电压与电流的关系

RLC 串联电路的总电压瞬时值等于多个元件上电压瞬时值之和，即：

$$u = u_R + u_L + u_C$$

对应的相量关系为：

$$\dot{U} = \dot{U}_R + \dot{U}_L + \dot{U}_C$$

设 $i = I_m \sin \omega t$，以 i 为参考相量作相量图（图 4-44）；u_R 与 i 同相，u_L 超前 i 90°，u_C 滞后 i 90°。

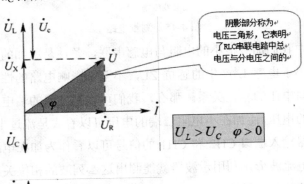

阴影部分称为电压三角形，它表明了 RLC 串联电路中总电压与分电压之间的

$$U_L > U_C \quad \varphi > 0$$

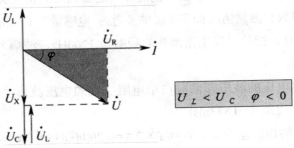

$$U_L < U_C \quad \varphi < 0$$

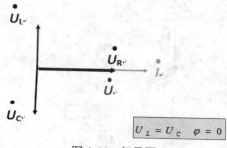

图 4-44　相量图

结论：$U = \sqrt{U_R^2 + (U_L - U_C)^2}$

任务 4　用示波器观察交流串联电路电压、电流相位差

测量电路如图 4-45 所示。

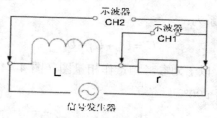

图 4-45　测量电路

在电路中我们加一很小的电阻与电感串联，条件是所加的电阻 r 其阻值必须远远小于电感 L 产生的感抗 ZL，不至于影响电路的性质，即不会影响到电流与电压的相位关系。那么，我们可以把电路的端电压看成是加在电感二端的电压，而加在小电阻二端的电压可以看成是流过电感的电流。这样，示波器输入端口 CH2 和 CH1 的信号可以看作为加在电感的电压和流过电感的电流波形，利用示波器就能测出这二列波的相位关系了。

具体的参数和测量情况如下（仅供参考）：电感量为 L=10mH、串联的小电阻为 r=1Ω，把信号发生器调制的频率为 1200Hz、波幅为 5V 的正弦波输入端电路。

可见，端电压的波形超前取自小电阻二端的电压波形，超前时间为 t=0.200ms，而周期 T=0.833ms。

则二列波的相位差为：Δφ=t/T×2π=0.200/0.833×2π≈1/2π。

　　可以用同样的方法测量纯电容电路中电流与电压的相位差。方法与上述相同。用双踪示波器测量 RLC 串联电路电压间的相位关系，要测出 RLC 串联电路各元件的电压相位关系，只要能把加在各元件的电压波形能同时显示出来，并利用示波器测二列波相位差的功能，就能实现。但问题是示波器的特性限制了电压波形不能同时显示。因为，双踪示波器在其内部是共地的，信号传输线的的接地端不能分开，一旦分开，二接地端之间的电路将被短路。那么，我们只能通过其它途径来实现对 RLC 串联电路电压波形的相位关系的测量。

　　通过什么途径来实现呢？我们只能通过间接的方法来实现它们间的相位关系。方法如下：

　　供给电路的交流电源（由信号发生器代替），其频率和相位是相对不变的，那么，我们只要取出加在每一元件上电压波形并与之相比较，得到它们之间的相位差。如：得到加在电容二端的电压波形与端电压波形之间的相位差 $\Delta\Phi_{C-U}$，再得到加在电感上的电压与电源电压 之间的相位差 $\Delta\Phi_{L-U}$，然后再确定加在电容二端的电压与加在电感上的电压的相位差 $\Delta\Phi_{C-L}$，（$\Delta\Phi_{C-L}=\Delta\Phi_{C-U}-\Delta\Phi_{L-U}$），同样方法得到电容与电阻，电感与电阻之间的相位差，从而实现测得 RLC 串联电路的电压相位关系。

　　上述情况似乎还没有解决示波器的共地限制问题，我们主要通过下面的操作过程就能明白所讲的方法就能较好地避免了共地的问题。测量电路如下 4-46 所示。

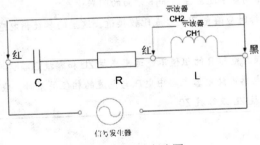

图 4-46　测量电路图

测量操作过程如下：

　　（1）按上所示的电路连接好。注意：所有的黑端都接在一起。

　　（2）调节示波器，稳定显示二列波的波形。

　　（3）测量出此时的电感二端电压波形与端电压波形之间的相位差

Δ Φ$_{L-U}$。

（4）其它保持不动，把电感 L 与电容 C 对换一下，按照上述步骤测量出加在电容二端的电压波形与端电压波形之间的相位差 Δ Φ$_{C-U}$。

（5）同样方法，把电阻 R 放于待测处（即电阻 R 放于 CH1 处，电感 L 和电容 C 与电阻 R 保持串联关系），同样测出电阻二端的电压波形与端电压之间的电压波形 Δ Φ$_{R-U}$。

（6）计算出电感 L 与电阻 R 之间的电压相位差 Δ Φ$_{L-R}$，电容 C 与电阻 R 之间的相位差 ΔΦ$_{C-R}$。RLC 串联电路具体测量情况如下（仅供参考）：

L=10mH；C=1MF；R=200Ω；f=1000Hz

测得的数据和结果如表 4-10 所示。

表 4-10　RLC 串联电路相位关系测量数据

周期/ms	测量			计算				
	Δ T$_{R-U}$/ms	Δ T$_{L-U}$/ms	Δ T$_{C-U}$/ms	Δ Φ$_{R-U}$	Δ Φ$_{L-U}$	Δ Φ$_{C-U}$	Δ Φ$_{L-U}$	Δ Φ$_{C-U}$
1.00	0.070	0.304	-0.176	25.2°	109.4°	-63.4°	84.2°	-88.6

大师点睛

（1）Δ T$_{R-U}$指电阻二端电压与端电压波形之间在峰值时的时间差，其他类同；

（2）Δ Φ$_{R-U}$指电阻二端电压与端电压波形之间的相位差，其它类同；

（3）负号表示滞后。

从上述过程来看，较好地回避了示波器的共地问题，也能较理想地测出各电压间的相位关系。

在具体的实际测量中还应注意如下方面的问题：

（1）参数选择时应避免 ZL=ZC 或比较接近。这里的参数指电感 L、电容 C 及输入频率 f。

（2）RLC 串联时电阻 R 的阻值不能远离感抗 ZL 和容抗 ZC。

（3）测量纯电感或纯电容电路中电压与电流的相位关系时，应注意串联的小电阻 r 必须远远小于感抗 ZL 或容抗 ZC。

学习评价与反馈

1.知识点评价

将电感为 255、电阻为 60 的线圈接到 $u = 220\sqrt{2}\sin 314t$ V 的电源上。求：

1）线圈的感抗；

2）电路中电流的有效值。

2.自我评价

我对 RL、RC 串联电路是这样认识的：_____。

项目 6 交流电路的功率

项目目标

1.知识目标

● 理解电路中瞬时功率、有功功率、无功功率和视在功率的物理概念。

● 理解功率三角形和电路的功率因数，了解功率因数的意义。

2.能力目标

会计算电路的有功功率、无功功率和视在功率。

项目描述

主要介绍了正弦交流电路功率的基本概念，电阻、电感、电容电路的功率，以及功率因素的意义。

任务 1 正弦交流电路功率的基本概念

1.瞬时功率

设正弦交流电路的总电压 u 与总电流 i 的相位差（即阻抗角）为 φ，则电压与电流的瞬时值表达式为

$$u = U_m sin\ (\omega t + \varphi),\ i = I_m sin\ (\omega t)$$

瞬时功率为

$$p = ui = U_m I_m sin\ (\omega t + \varphi)\ sin\ (\omega t)$$

2.有功功率 P 与功率因数 λ

瞬时功率在一个周期内的平均值叫做平均功率，它反映了交流电路中

实际消耗的功率，所以又叫做有功功率，用 P 表示，单位是瓦特（W）。

$$P = UI\cos\varphi = UI\lambda$$

其中 $\lambda = \cos\varphi$ 叫做正弦交流电路的功率因数。

3. 视在功率 S

定义：在交流电路中，电源电压有效值与总电流有效值的乘积（UI）叫做视在功率，用 S 表示，即 $S=UI$，单位是伏安（V·A）。

S 代表了交流电源可以向电路提供的最大功率，又称为电源的功率容量。于是交流电路的功率因数等于有功功率与视在功率的比值，即

$$\lambda = \cos\phi = \frac{P}{S}$$

所以电路的功率因数能够表示出电路实际消耗功率占电源功率容量的百分比。

4. 无功功率 Q

表示交流电路与电源之间进行能量交换的瞬时功率，是这种能量交换的最大功率，并不代表电路实际消耗的功率。

$$Q = UI\sin\varphi$$

把它叫做交流电路的无功功率，用 Q 表示，单位是乏尔，简称乏（var）。

5. 功率三角形

当 $\varphi > 0$ 时，$Q > 0$，电路呈感性；当 $\varphi < 0$ 时，$Q < 0$，电路呈容性；当 $\varphi=0$ 时，$Q = 0$，电路呈电阻性。

显然，有功功率 P、无功功率 Q 和视在功率 S 三者之间成三角形关系，即

$$S = \sqrt{P^2 + Q^2}$$

这一关系称为功率三角形，如图 4-47 所示。

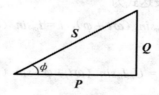

图 4-47　功率三角形

任务 2　电阻、电感、电容电路的功率

1. 纯电阻电路的功率

在纯电阻电路中，由于电压与电流同相，即相位差 $\varphi = 0$。

有功功率：$\qquad P_R = UI \cos\varphi = UI = I^2 R = U^2/R$

无功功率：$\qquad Q_R = UI \sin\varphi = 0$

视在功率：$\qquad S = \sqrt{P^2 + Q^2} = P_R$

即纯电阻电路消耗功率（能量）。

2. 纯电感电路的功率

在纯电感电路中，由于电压比电流超前 90°，即电压与电流的相位差 $\varphi = 90°$，则瞬时功率：

$$P_L = UI\cos\varphi[1 - \cos(2\omega t)] + UI\sin\varphi\sin(2\omega t) = UI\sin(2\omega t)$$

有功功率：$\qquad P_L = UI \cos\varphi = 0$

无功功率：$\qquad Q_L = UI = I^2 XL = \dfrac{U^2}{X_L}$

视在功率：$\qquad S = \sqrt{P^2 + Q^2} = Q_L$

即纯电感电路不消耗功率（能量），电感与电源之间进行着可逆的能量转换。

3. 纯电容电路的功率

在纯电容电路中，由于电压比电流滞后 90°，即电压与电流的相位差 $\varphi = -90°$，则瞬时功率：

$$P_C = UI\cos\varphi[1 - \cos(2\omega t)] + UI\sin\varphi\sin(2\omega t) = -UI\sin(2\omega t)$$

有功功率：$\qquad P_C = UI\cos\varphi = 0$

无功功率：$\qquad Q_C = UI = I^2 X_C = U^2/X_C$

视在功率：$\qquad S = \sqrt{P^2 + Q^2} = Q_C$

即纯电容电路也不消耗功率（能量），电容与电源之间进行着可逆的能量转换。

任务 3 功率因数的意义

在交流电力系统中，负载多为感性负载。例如常用的感应电动机，接上电源时要建立磁场，所以它除了需要从电源取得有功功率外，还要由电源取得磁场的能量，并与电源作周期性的能量交换。

在交流电路中，负载从电源接受的有功功率 $P = UI\cos\varphi$，显然与功率因数有关。功率因数低会引起下列不良后果。

负载的功率因数低，使电源设备的容量不能充分利用。因为电源设备（发电机、变压器等）是依照它的额定电压与额定电流设计的。

在一定的电压 U 下，向负载输送一定的有功功率 P 时，负载的功率因数越低，输电线路的电压降和功率损失越大。这是因为输电线路电流 $I=P/(U\cos\varphi)$，当 $\lambda = \cos\varphi$ 较小时，I 必然较大。从而输电线路上的电压降也要增加，因电源电压一定，所以负载的端电压将减少，这要影响负载的正常工作。

从另一方面看，电流 I 增加，输电线路中的功率损耗也要增加。因此，提高负载的功率因数对合理科学地使用电能以及国民经济都有着重要的意义。

常用的感应电动机在空载时的功率因数约为 0.2～0.3，而在额定负载时约为 0.83～0.85，不装电容器的日光灯，功率因数为 0.45～0.6，应设法提高这类感性负载的功率因数，以降低输电线路电压降和功率损耗。

 学习评价与反馈

1.知识点评价

某计算机房，配置计算机 50 台，每台按 250W 计算，每天开机 10 小时，1 个月用电多少度？

2.自我评价

我对电阻、电感、电容电路的功率是这样认识的：_____。

项目7　电能测量与节能

项目目标

1.知识目标

●掌握电能的概念及生活中的应用。

2.能力目标

●能分析提高电路功率因数的意义及方法。

●会使用单相感应式电能表。

●了解新型电能计量仪表。

项目描述

介绍了电能的测量以及怎样节能，介绍了功率表的使用以及功率因数表的使用。

任务1　电能的测量

电流做功所消耗电能的多少可以用电功来度量，电功的计算公式为：

$$W=UIt=Pt$$

电能（或电功）用电能表来计量。

交流电能表旧称火表，它是累计用户一段时间内消耗电能多少的仪表，在工业和民用配电线路中应用广泛。电能表按原理划分为感应式和电子式两大类。

其中常用的感应式电能表结构工艺较简单、价格低廉、直观、动态连续、停电不会丢数据。按用途可分为单相电能表、三相三线电能表和三相四线电能表。其中单相电能表主要是用于计量一段时间内家庭的所有电器用电量的总和，而三相电能表则用于计量电站、厂矿和企业的用电量。

1. 电能表的分类

电能表即电度表，用来进行交流电能测量的仪表（图 4-48）。

图 4-48　常见电能表

电能表按其测量的相数分类，分单相电能表和三相电能表。

按显示方式分为：机械式电能表、电子式电能表。

2. 工作原理

利用交变磁通产生涡流驱动铝盘转动，其转速与被测负载的功率的大小成正比，从而测量出负载所消耗的电能。

3. 单相电能表接线及安装

1）接线（图 4-49）

（1）接线前，检查电能表的型号、规格，确保其型号、规格与负荷的额定参数相适应；检查电能表的外观，确保完好。

（2）根据给定的单相电能表测定或核实其接线端子。

（3）极性要正确，相线是 1 进 3 出，零线是 2 进 4 出，在接线盒里，端子的排列顺序总是左为首端 1 右为尾端 4。

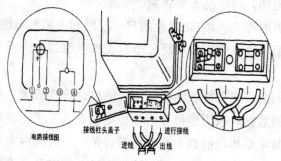

电路接线图　　接线柱头盖子　进线出线　进行接线

图 4-49　单相电能表的接线方法（跳入式）

2）安装及读数

单相电能表一般应安装在配电盘的左边或上边，与上下进线孔的距离约 80mm 距其他仪表的距离约 60mm。注意：安装时电能表必须与地面垂直。

图 4-50 单相电能表

图 4-51 单相电能表的读数

任务 2 节能

电能是人们日常生活和企业生产必不可少的能源。随着人们生活生平的提高，电力供需矛盾日益突出，大力开展节约用电成为缓解供电紧张的当务之急。

环保专家算过一笔账，按火力发电计算，每节约一度电就相当于节省 0.4kg 的标准煤和 4 L 纯净水，同时减少了 0.272kg 碳粉尘、0.997kg 二氧化碳和 0.03kg 二氧化碳的排放。

大师点睛

分时计费

为缓解我国日趋尖锐的电力供需矛盾，调节负荷曲线，改善用电量不均衡的现象，全面实行峰、平、谷分式电价制度，"削峰谈谷"提高全国的用电效率，合理利用电力资源，国内部分省市的电力部门已开始逐步推出了多费率电能表，对用户的用电量分时计费。

日常生活中的电能消耗主要是家用电器，每个人都应该有节点的意识，并应从小处做起。如：选用节能灯，如果每个家庭换上一只节能型荧光灯，那么全国每年就能相应减少10%的照明用电；选择节能型家电；合理使用空调器，据专家测算，一台1.5匹分体式单冷空调机，如果温度调高1℃，按运行10h计算能节；把电视机的音量和亮度调至最佳状态，音量过大、亮度过强都会过度消耗电能；电冰箱应放在阴凉通风处，使用时尽量减少开门次数和时间；避免计算机，电视、热水器等长期处于待机的状态；在离开办公室、教师等公共场合时，要随手关灯……

对于企业节约用电，要从管理和技术上对用电进行改革，要制定相应的规章制度，严格控制电能的使用；加强照明管理，确保照明设施的有效利用，避免浪费；合理利用工业余热进行生产活动。

节约用电，提高电能的利用率，从我做起，从身边的小事做起，让节约成为一种社会责任。

1. 功率因数提高的意义

（1）可减少有功损失；

（2）减少电力线路的电压损失，改善电压质量；

（3）可提高设备利用率；

（4）可减少输送同容量有功的电流。

2. 提高功率因数的方法

提高感性负载功率因数的最简便的方法，是用适当容量的电容器与感性负载并联，如图4-52所示。

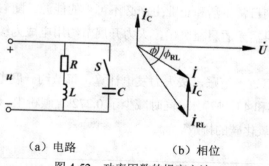

（a）电路　　　　　　　（b）相位

图4-52　功率因数的提高方法

这样就可以使电感中的磁场能量与电容器的电场能量进行交换，从而减少电源与负载间能量的互换。在感性负载两端并联一个适当的电容后，对提高电路的功率因数十分有效。

3. 并不是经补偿后的功率因数越高越好

因为补偿装置消耗有功发出无功，随着补偿容量的增加，其有功损耗也增加，初投资增大。就经济运行角度而言，补偿后的功率因数过高或过低均会使总功率损耗增加；若补偿功率因数恰当，能使总有功损耗最小，此时的补偿容量及功率因数称为按经济运行原则确定的补偿容量及功率因数。

任务 3　功率表的使用

功率表是电路中专门计量用电设备实际工作所损耗的电能的计量装置。参见图 4-53。

图 4-53　功率表

1. 结构图（图 4-54）

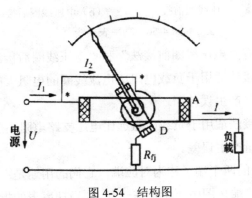

图 4-54　结构图

2. 接线原理（图4-55）

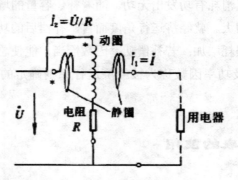

图 4-55　功率表接线原理

功率表的正确接法必须遵守"发电机端"的接线规则。

功率表标有"*"号的电流端必须接至电源的一端，而另一端则接至负载端。

电流线圈是串联接入电路的。电压线圈是并联接入电路的。参见图 4-56。

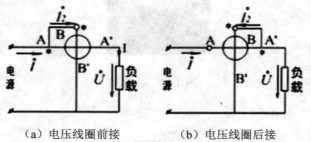

（a）电压线圈前接　　　　　（b）电压线圈后接

图 4-56　功率表接线

常用的接法有"电压线圈前接法"和"电压线圈后接法"。

电压线圈前接法适用于负载电阻比电流线圈的电阻大的情况，电流线圈的电压降使测量产生误差。

电压线圈后接法适用于负载电阻远比电压支路电阻小的情况流过电压线圈的电流使测量产生误差。

标有"*"号的两个端子称为对应端，它们的用途是：

（1）如将对应端按图中所示接在一起，则当功率表的指针正向偏转时，表示能量由左向右传送；若指针反向偏转，表示能量由右向左传送。

（2）电流线圈的任一接线端应与电压线圈标有"*"符号的接线端连接，

这样线圈间电位比较接近，可减小其间的寄生电容电流和静电力，保证功率表的准确度和安全。

3. 功率表的正确读数

功率表读数=（电流量限×电压量限×指针读数）/满刻度量程

4. 电动系功率表注意事项

（1）电动系仪表易受外磁场干扰，故测量时尽可能远离磁场干扰的地方。

（2）量程要选择正确，以够损坏仪表。

（3）连线要正确，避够出现电流线圈短路现象。

 电动系功率表实训练习：搭接电路，并测量电路的总功率。参见图 4-57

大师点睛

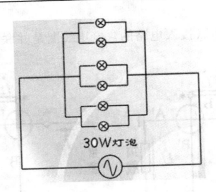

30W灯泡

图 4-57　220 伏交流电压

任务 4　功率因数表的使用

在交流电路中，电压与电流之间的相位差（φ）的余弦叫做功率因数在数值上，功率因数是有功功率和视在功率的比值，即：

$$\cos\varphi = \frac{P}{S}$$

图 4-58　功率因素表

功率因数是衡量电气设备效率高低的一个系数。功率因数低，说明电路用于交变磁场转换的无功功率大，从而降低了设备的利用率，增加了线路供电损失。

功率表标有"*"号的电流端必须接至电源的一端，而另一端则接至负载端。

电流线圈是串联接入电路的。电压线圈是并联接入电路的。参见图 4-59。

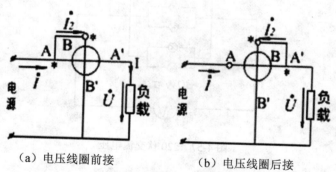

（a）电压线圈前接　　　　　（b）电压线圈后接

图 4-59　接有功率表的电路图

对纯电阻负载：

指针转到 $\varphi=0°$ 即 $\cos\varphi=1$ 的标度处。

对纯电容负载：

指针转到 $\varphi=90°$ 即 $\cos\varphi=0$（容性）的标度处。

对纯电感负载：

指针转到 $\varphi=90°$ 即 $\cos\varphi=0$（感性）的标度处。

电阻负荷的电路功率因数为 1，

具有电感或电容性负载的电路功率因数都小于 1。

学习评价与反馈

1.知识点评价

提高感性负载功率因数的最简便的方法是＿＿＿＿＿＿＿＿＿＿＿＿＿。

2.自我评价

我对提高功率因数是这样认识的：＿＿＿＿＿＿＿＿＿＿＿＿＿＿＿。

项目 8　常用电光源的认识与荧光灯的安装

项目目标

1.知识目标

● 了解常用电光源、新型电光源及其构造和应用场合。

2.能力目标

● 能绘制荧光灯电路图，会按图纸要求安装荧光灯电路，能排除荧光灯电路简单故障，会测量电流、电压等。

项目描述

介绍了常用的点光源种类，以及荧光灯电路的安装实训。

任务 1　电光源

1. 电光源种类

固体发光光源包括场致发光灯、半导体发光器件、热辐射光源（白炽灯、卤钨灯）。

气体放电发光光源包括辉光放电灯（氖灯、霓虹灯）、弧光放电灯、低压气放电灯（荧光灯、紧凑型荧光灯、低压钠灯）、高气压放电灯（高压汞灯、高压钠灯高压氙灯、金属卤化物灯）。

2. 几种常用电光源的介绍

1）白炽灯

● 曲线柔美、外形小巧

● 极低的初始成本

● 令人愉悦的暖色光

● 优异的显色性

● 多样的外形和涂层

● 简便的安装特性

（1）白炽灯的工作原理

电流流过灯丝，使灯丝产生热量，大量的热能将灯丝加热到高温状态，温度达 2700 多摄氏度，处于白炽状态，放射出可见光。

（2）白炽灯的结构（图 4-60）

（3）白炽灯的种类（图 4-61）

泡壳（玻璃）
灯丝（钨）
支杆（钼）
排气管
芯柱
焊泥
灯头

图 4-60　白炽灯结构

图 4-61　白炽灯种类

● 透明泡

● 磨砂泡

● 乳白泡

● 彩色泡

（4）白炽灯的不足之处

● 光效低（约 10 lm/W），运行费用高。

● 寿命较短，平均寿命 1000h。

注：普通照明灯泡的国家标准为 GB10681-89。

2）卤钨灯

●外形更紧凑

●较低的初始成本

●令人愉悦的暖色光

●优异的显色性

●比白炽灯更高的光效

●比白炽灯更长的寿命

●简便的安装特性

（1）卤钨灯的工作原理

电流流过灯丝，使灯丝产生热量，大量的热能将灯丝加热到高温状态，温度达2700多摄氏度，处于白炽状态，放射出可见光。在高温下，从灯丝上蒸发出来的钨，在靠近玻壳的温度较低的部位，与灯内的卤素发生化合反应，形成卤化钨，并部分向钨丝扩散，使钨不至于粘到管壁上；在靠近钨丝的温度较高部位，化合物因高温而分解成钨与卤素，钨回到灯丝上，卤素又可参与下一次循环。如此周而复始，就延长了灯丝的寿命。

（2）卤钨灯的结构（图4-62）

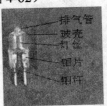

图4-62 卤钨灯结构

（3）卤钨灯的种类

卤钨灯按形状和结构分常有以下种类：

●管型卤钨灯（双端卤钨灯）（图4-63）

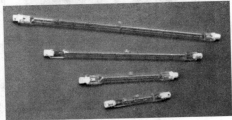

图4-63 管型卤钨灯

●单端卤钨灯（图 4-64）

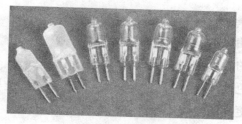

图 4-64　单端卤钨灯

●GU10 单端卤钨灯（图 4-65）

图 4-65　GU10 单端卤钨灯

●MR11、MR16 卤素灯杯（图 4-66）

图 4-66　MR11.MR16 卤素灯杯

●PAR 灯——冷反射定向照明卤钨灯（图 4-67）

图 4-67　PAR 灯

注：卤钨灯的国家标准为 GB/T 14094-93。

3）荧光灯

图 4-68　荧光灯

● 高光效

● 发光均匀

● 光色柔和

● 结构简单

● 安装方便

（1）荧光灯的工作原理

● 灯丝上的电子发射材料，在电流流过灯丝时，受到灯丝加热，发射出电子；电子在运动过程中，碰撞汞原子，使汞原子由稳态进入激发态，激发态的汞原子会跃迁回稳态，同时放射出汞的特征谱线——253.7nm 紫外线。

● 紫外线照射到荧光粉上，使荧光粉发出可见光。

● 此过程稳定保持下去，于是，荧光灯便能稳定地发光了。

（2）荧光灯的结构（图 4-69）

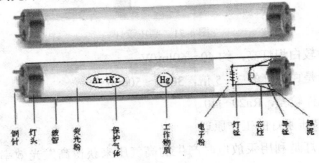

图 4-69　荧光灯结构图

（3）荧光灯的种类和变形

荧光灯按其材料和功能来分类，有以下一些种类：

● 普通卤粉荧光灯（普通照明用）

● 三基色荧光灯（普通照明用）

● 紫外荧光灯（保健、消毒用）

● 彩色荧光灯（装饰用）

● 其他特殊荧光灯（如暗室胶片冲洗用、生物生长用等）

（4）荧光灯的基本工作电路（图4-70）

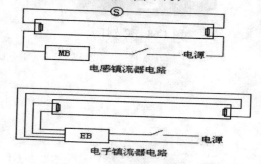

图 4-70　荧光灯的基本工作电路

4）高压汞灯

图 4-71　高压汞灯

● 光效较白炽灯高，约 40～60lm/W

● 寿命是白炽灯的 3～5 倍，3000～5000h

● 显色性较差，Ra20～40

（1）高压汞灯的工作原理

高压汞灯是利用汞放电时产生的高气压来获得高发光效率的一种光源。高压汞灯刚起动时，灯管两端电压为 20V 左右，与荧光灯放电类似。谱线集中在 254nm 附近。光色呈蓝色。随着放电的进行，温度升高，更多的汞被蒸发，汞蒸气压增大，放电的能量逐渐向长波谱线移动。光色从蓝色变成白色。汞蒸气压增大至 0.2～1MPa，故称为高压汞灯。

（2）高压汞灯的种类

高压汞灯按用途可分为照明用高压汞灯和非照明用高压汞灯。

照明用高压汞灯常用的有：

● 荧光高压汞灯

● 反射型荧光高压汞灯

● 自镇流荧光高压汞灯

非普通照明用高压汞灯有：

● 紫外线高压汞灯

● 球型超高压汞灯

● 毛细管形超高压汞灯

5）高压钠灯

图 4-72　高压钠灯

● 高光效（120lm/W）

● 功率范围宽（35W～1000W）

● 结构简单紧凑

● 寿命长（15000～20000h）

● 光色金白色

（1）高压钠灯的工作原理

高压钠灯内管（氧化铝陶瓷管）里充有钠汞剂，在灯管里分别存在钠蒸气和汞蒸气。灯工作时，钠和汞都参与工作。先是汞放电，形成较低的放电电流，然后温度慢慢上升。随着温度上升，钠蒸气压也慢慢提高。越来越多的钠参与放电。

钠放电在低气压下，放射出 589nm 和 589.6nm 两条谱线（低压钠灯即利用此工作状态）。

当钠蒸气压进一步提高，钠放电的谱线会加宽，在共振波长两侧形成连续的宽辐带。此时钠蒸气压达到 10^4Pa 左右，所以称为高压钠灯。

（2）高压钠灯的种类

高压钠灯按其显色性来分，有：

● 普通高压钠灯，Ra=20～30

● 颜色改进型高压钠灯，Ra=60～70

● 高显色性高压钠灯，Ra=80～85

高压钠灯按外玻壳形状来分，有：

● 橄榄形（ED 和 BT）

● 管形（T 型）

（3）高压钠灯的应用

高压钠灯光效高，但显色指数偏低，光色偏黄，所以常用于对光色要求不是太高，但亮度要求高的场所。

高压钠灯适用于：道路、广场、停车场、码头、大型工场、矿区照明等。

6）金属卤化物灯

图 4-73　金属卤化物灯

● 发光效率高（60～90lm/W）

● 显色性好（Ra＝70～90）

● 寿命长（10000～20000h）

● 功率范围宽（35～2000W）

（1）金卤灯的工作原理

金卤灯是在高压汞灯基础上发展起来的，它是在高压汞灯内添加某些金属卤化物，使此种金属参与到放电过程中，利用此金属放电的特征颜色，来改善高压汞灯在显色性方面的不足。

目前的金卤灯一般采用 Na-Tl-In 系列和 Sc-Na 系列金属卤化物，此外，还有采用 Sn 系列的和 La 系列的。

（2）金卤灯的应用

金卤灯光效高、寿命长、显色指数高、除了常归照明用途外，还可以制成多种彩色灯，因此，应用十分广泛。

金卤灯常用于以下场所如：道路、广场、体育场馆、商场、广告标牌、建筑物立面照明、园林景观装饰照明，等等。

7）氙灯

（1）氙灯的工作原理

氙灯是利用高压、超高压惰性气体的放电现象制成的高效率光源之一。氙气在高压、超高压下放电时，原子被激发到高能级，并被大量电离，在可见光区发射出与日光接近的连续光谱。氙灯作为照明光源，功率大，光通量输出高，被称为"人造小太阳"。

（2）氙灯的特性

●氙灯发射连续光谱，光色近似日光，显色性好，Ra 值达 90 以上。

●氙灯的工作状态受制作工艺和工作环境的影响较少，光电参数一致性好。

●氙灯放电发光所需的稳定时间很短，一点亮，很快就达到稳定。

●氙灯具有正的伏安特性，可以不用镇流器。

●氙灯的光效比其它气体放电灯低，一般为 30～50lm/W。

8）LED 灯

图 4-74　LED 灯

（1）LED 灯的工作原理

LED（Light Emitting Diode），发光二极管，是一种能够将电能转化为可见光的固态的半导体器件，它可以直接把电转化为光。LED 的心脏是一个半导体的晶片，晶片的一端附在一个支架上，一端是负极，另一端连接电源的正极，使整个晶片被环氧树脂封装起来。半导体晶片由两部分组成，一部分是 P 型半导体，在它里面空穴占主导地位，另一端是 N 型半导体，在这边主要是电子。但这两种半导体连接起来的时候，它们之间就形成一个 P-N 结。当电流通过导线作用于这个晶片的时候，电子就会被推向 P 区，在 P 区里电子跟空穴复合，然后就会以光子的形式发出能量。

（2）特点

●节能。白光 LED 的能耗仅为白炽灯的 1/10，节能灯的 1/4。

●长寿。寿命可达 10 万小时以上，对普通家庭照明可谓"一劳永逸"。

●可以工作在高速状态。节能灯如果频繁地启动或关断灯丝就会发黑很快的坏掉。

●固态封装，属于冷光源类型。所以它很方便运输和安装，可以被装置在任何微型和封闭的设备中，不怕振动，基本上用不着考虑散热。

●环保。没有汞的有害物质。

●市场潜力大。

●低压。直流供电，电池、太阳能供电，用于边远山区及野外照明等缺电、少电场所。

任务 2　荧光灯电路安装实训

1. 实验实训目的

（1）了解荧光灯的工作原理，学习荧光灯的安装方法。

（2）掌握提高功率因数的方法，理解提高功率因数的意义。

（3）熟悉交流仪表的使用方法。

（4）会分析交流电路，能安装日光灯并会调试。

2. 实验实训原理说明

1）荧光灯电路的组成

电路由荧光灯管、镇流器、启辉器组成。

（1）荧光灯管

荧光灯管是一支细长的玻璃管，其内壁涂有一层荧光粉薄膜，在荧光灯管的两端装有钨丝，钨丝上涂有受热后易发射电子的氧化物。荧光灯管内抽成真空后，充有一定量的惰性气体和少量的汞气（水银蒸气）。惰性气体有利于荧光灯的启动，并延长灯管的使用寿命；水银蒸气作为主要的导电材料，在放电时产生紫外线激发荧光灯管内壁的荧光粉转换为可见光。

（2）启辉器

启辉器主要由辉光放电管和电容器组成，其内部结构如图 4-75 所示。其中辉光放电管内部的倒 U 形双金属片（动触片）是由两种热膨胀系数不同的金属片组成；通常情况下，动触片和静触片是分开的；小容量的电容器，可以防止启辉器动、静触片断开时产生的火花烧坏触片。

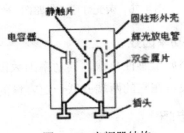

图 4-75　启辉器结构

（3）镇流器

镇流器是一个带有铁心的电感线圈。它与启辉器配合产生瞬间高电压使荧光灯管导通，激发荧光粉发光，还可以限制和稳定电路的工作电流。

2）荧光灯的工作原理

如图 4-76 所示，在荧光灯电路接通电源后，电源电压全部加在启辉器两端，从而使辉光放电管内部的动触片与静触片之间产生辉光放电，辉光放电产生的热量使动触片受热膨胀趋向伸直，与静触片接通。于是，荧光灯管两端的灯丝、辉光放电管内部的触片、镇流器构成一个回路。灯丝因通过电流而发热，从而使灯丝上的氧化物发射电子。与此同时，辉光放电管内部的动触片与静触片接通时，触片间电压为零，辉光放电立即停止，动触片冷却收缩而脱离静触片，导致镇流器中的电流突然减小为零。于是，镇流器产生的自感电动势与电源电压串联叠加于灯管两端，迫使灯管内惰性气体分子电离而产生弧光放电，荧光灯管内温度逐渐升高，水银蒸气游离，并猛烈地撞击惰性气体分子而放电，同时辐射出不可见的紫外线激发灯管内壁的荧光粉而发出近似荧光的可见光。荧光灯管发光后，其两端的电压不足以使启辉器辉光放电，这时，交流电源、镇流器与荧光灯管串联构成一个电流通路，从而保证荧光灯的正常工作。

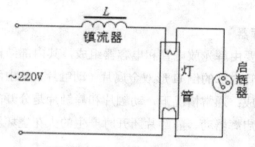

图 4-76　荧光灯原理电路图

3）并联电容提高功率因数

显然，荧光灯电路属于感性负载，其功率因数很低，为了提高荧光灯电路的功率因数，一般可在它的两端并联一定容量的电容器。

3. 实验实训内容与步骤

1）荧光灯电路的安装

（1）布局定位　根据荧光灯电路各部分的尺寸进行合理布局定位，制作荧光灯安装电路板，如图 4-77 所示。

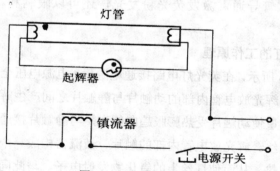

图 4-77　荧光灯电路图

（2）用万用表检测荧光灯。灯管两端灯丝应有几欧姆电阻，镇流器电阻约为 20～30Ω，启辉器不导通，电容器应有充电效应。

（3）根据图 4-78，进行荧光灯电路的安装。

（4）接好线路并经老师检查合格后,通电观察荧光灯电路的工作情况。

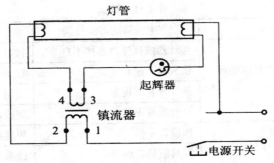

图 4-78　四个线头镇流器的接线图

2）荧光灯电路参数的测量

（1）根据原理电路图，画出接线图如图 4-79 所示，并接线。

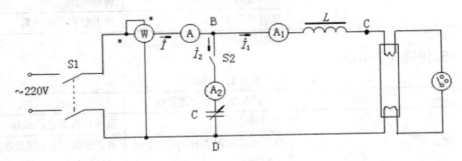

图 4-79　荧光灯测量电路图

（2）断开开关 S2，闭合电源开关 S1，用交流电流表测量荧光灯电路的电流 I；用功率表测量荧光灯电路的功率 P；用交流电压表分别测量荧光灯电路电压 UBD、灯管两端电压 UCD；镇流器电压 UBC，并计算灯管电阻 R、镇流器电阻 RL、镇流器电感 L。

3）荧光灯电路功率因数的提高

（1）按照图所示电路连接实验电路。

（2）闭合开关 S2，闭合电源开关 S1，改变并联电容的数值，分别测量荧光灯电路总电流 I、荧光灯电路 I_1、电容电流 I_2，并计算电路对应的功率因数。

4. 调试（表 4-11）

表 4-11　调试

故障现象	产生故障的可能原因	调试方法
灯光闪烁或管内有螺旋形滚动光带	起辉器或镇流器连接不良	按好连接点
	镇流器不配套	换上配套的镇流器
	新灯管暂时现象	使用一段时间，现象自行消失
	灯管质量不佳	更换灯管
镇流器过热	镇流器不佳	更换镇流器
	灯具散热条件差	改善灯具散热条件
镇流器嗡声	镇流器内铁芯松动	插入垫片或更换镇流器
灯管两端发黑	灯管老化	更换灯管
	起辉不佳	排除起辉系统故障
	电压过高	调整电压
	镇流器不配套	换上配套的镇流器

5. 排障（表 4-12）

表 4-12　排障

故障现象	产生故障的可能原因	排除方法
灯管不发光	无电源	验明是否停电，或熔丝烧断
	灯座触点接触不良，或电路线头松散	重新安装灯管，或重新连接已经松散的线头
	启辉器损坏，或与基座触点接触不良	检查启辉器、线头；更换启辉器
	镇流器线圈或管内灯丝断裂或脱落	用万用表低电阻档测量线圈和灯丝是否通路
灯管两端发亮，中间不亮	起辉器接触不良，或内部小电容击穿，或起辉器已损坏	按上一个故障现象排除方法检查，若启辉器小电容击穿，可以剪去后复用
起辉困难（灯管两端不断闪烁，中间不亮）	起辉器配用不成套	换上配套的起辉器
	电源电压太低	调整电路，检查电压
	环境气温太低	可用热毛巾在灯管上来回烫熨（但注意安全）
	镇流器配用不成套，起辉电流过小	换上配套镇流器
	灯管老化	更换灯管

6. 注意事项

（1）实训过程中必须注意人身安全和设备安全。

（2）注意荧光灯电路的正确接线，镇流器必须与灯管串联。

（3）镇流器的功率必须与灯管的功率一致。

（4）荧光灯的启动电流较大，启动时用单刀开关将功率表的电流线圈和电流表短路，防止仪表损坏，操作时注意安全。

（5）保证安装质量，注意安装工艺。

7. 实验实训报告

按规定要求完成实验实训报告，并回答以下问题：

1）荧光灯电路的基本原理。

2）实验中启辉器损坏时，如何点亮荧光灯？

3）若荧光灯电路在正常电压作用下不能起辉，如何用万用表找出故障部位？试写出简洁步骤。

4）本实验中并联电容器后是不是提高了荧光灯的功率因数？并联的电容器容量越大，是否功率因数越高？为什么？

8. 项目实施结果考核

表 4-13　项目实施结果考核

评分内容	评分标准	配分	得分
安装设计	绘制电路图不正确	20	
线路的安装	元件布置不合理，扣 5 分；木台、灯座、开关、插座和吊线盒等安装松动，每处扣 5 分；电气元件损坏，每个扣 10 分；相线未进开关内部，扣 10 分；塑料槽板不平直，每根扣 2 分；线芯剖削有损伤，每处扣 5 分；塑料槽板转角不符合要求，每处扣 2 分；管线安装不符合要求，每处扣 5 分	40	
通电试验	安装线路错误，造成短路、断路故障，每通电 1 次扣 10 分，扣完 20 分为止	20	
团结协作	小组成员分工协作不明确扣 5 分；成员不积极参与扣 5 分	10	
安全文明生产	违反安全文明操作规程扣 5-10 分	10	
故障现象观察	确定出故障个数（两个），少观察一个扣 5 分	10	
故障分析	分析出故障原因，分析一处错误扣 20 分	40	
故障排除	不能正确维修或更换的，每个扣 15 分	30	

续表

评分内容	评分标准	配分	得分
团结协作	小组成员分工协作不明确扣 5 分；成员不积极参与扣 5 分	10	
安全文明生产	违反安全文明操作规程扣 5~10 分	10	
项目成绩合计			
开始时间	结束时间	所用时间	
评语			

单元 5

三相正弦交流电路

学习导入

　　三相正弦稳态电路，它的电源是三相电源。三相电源是指同一个电源同时提供三个频率、波形相同，但变化进程不同的正弦交流电压。用三相电源供电的电路，称为三相正弦交流电路。

1.学习目标

1）知识目标

（1）了解三相交流电源的产生。

（2）理解三相正弦量、相序的概念。

（3）了解中性线的概念。

（4）认识三相负载星形、三角形连接。

（5）了解中性线的作用。

2）能力目标

（1）掌握三相负载星形、三角形两种连接方式下，线电压与相电压的关系，线电流、相电流的关系。

（2）掌握对称三相功率。

3.培养目标

培养学生能对三相电路进行分析计算。

2.学习项目

项目1：三相正弦交流电源

项目2：三相负载的连接方式

项目3：三相负载的功率

项目 1　三相正弦交流电源

项目目标

1.知识目标

●三相正弦交流电源的产生、表达方式、相序和连接方式。

2.能力目标

●能对三相正弦交流电源进行分析和描述。

项目描述

对三相正弦交流电源的常见应用，三相正弦交流电源的产生、连接，三相三制和三相四线制的区别进行了介绍。

任务 1　三相正弦交流电源的常见应用

工业用电最多的交流电是三相交流电，交流电通过发电、升压、输送、降压等构成的供电系统提供给用户。

图 5-1　交流电传输

任务 2　三相正弦交流电源的产生

三相正弦交流电是由三相交流发电机产生。参见图 5-2。

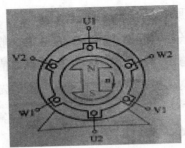

图 5-2 三相交流发电机

1. 特点

幅值相等、频率相同、相位依次相差 120°。

2. 三相正弦交流电源的表达方式

1）表达式表达方式（图 5-3）

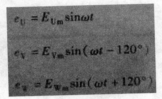

$$e_U = E_{Um}\sin\omega t$$

$$e_V = E_{Vm}\sin(\omega t - 120°)$$

$$e_W = E_{Wm}\sin(\omega t + 120°)$$

图 5-3 表达式表达方式

2）相量图表达方式（图 5-4）

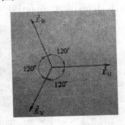

图 5-4 相量图表达方式

3）波形图表达方式（图 5-5）

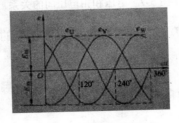

图 5-5 波形图表达方式

3. 三相正弦交流电源的相电压和线电压

线电压：任意两条相线间的电压，其有效值一般用"U_L"表示。

相电压：各相线与中性线之间的电压，其有效值一般用"U_P"表示。

相序：三相交流电动势在时间上出现最大值的先后顺序。

任务3　三相正弦交流电源的连接

1. 星形连接

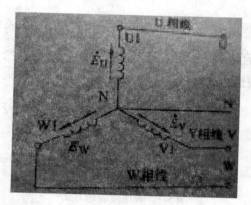

图 5-6　星形连接

星形连接时线电压和相电压间的关系如图 5-7 所示。

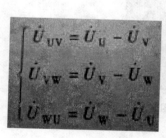
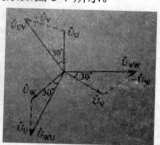

图 5-7　电压和相电压间的关系

由上式知 $U_L = \sqrt{3} U_P$ 在相位上线电压超前相应的相电压 30°。

2. 三角形连接

三角形连接时线电压和相电压间的关系：

$$U_L = U_P$$

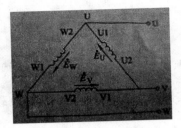

图 5-8　三角形连接

任务 4　三相四线制和三相三线制

三相四线制：由三条相线和中性线组成的供电方式。

三相三线制：只由三条相线组成的供电方式。

 学习评价与反馈

1.知识点评价

填空

（1）三相正弦交流电源的表达方式有_____。

（2）星形连接时线电压和相电压间的关系_____。

2.自我评价

我对三相正弦交流电源是这样认识的：_____。

项目 2　三相负载的连接方式

 项目目标

1.知识目标

●三相负载星形、三角形连接及各自特点。

2.能力目标

●能分析三相负载电路并做出相关解答。

项目描述

运用三相负载的实例作为引入，介绍了三相负载的星形连接和三角形连接。

任务 1　三相负载的实例——运架一体架桥机

图 5-9　对称负载和不对称负载的应用

任务 2　三相负载的星形连接

接线方式如图 5-10 所示。

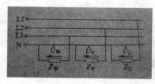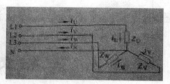

图 5-10　接线方式

相电压、线电压、相电流、线电流的计算。

相电流：电路中流过每一相负载的电流，分别用 I_u、I_v、I_w 表示，一般用 I_p 表示。

线电流：流过每根相线的电流，分别用 I_U、I_V、I_W 表示，一般用 I_L 表示。

$$I_L = I_P$$
$$U_L = \sqrt{3}U_P \text{（三相负载对称）}$$
$$I_N = 0 \text{（三相负载对称）}$$

任务 3 三相负载的三角形连接

接线方式如图 5-11 所示。

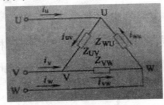

图 5-11 接线方式图

相电压、线电压、相电流、线电流的计算。

$$U_L = U_P$$

$$I_L = \sqrt{3}I_P\quad（三相负载对称）$$

任务 4 现场练习

实例分析

1. 负载为星形连接的对称三相电路，电源线电压为 380V，每相阻抗 $|Z|=10\Omega$，求负载的相电压、相电流及线电流。

解：由于负载为星形连接：

所以

$$U_L = \sqrt{3}U_P$$

相电压

$$U_P = \frac{U_L}{\sqrt{3}} = \frac{380V}{\sqrt{3}} \approx 220V$$

相电流

$$I_P = \frac{U_P}{|Z|} = \frac{220V}{10\Omega} = 22A$$

线电流

$$I_L = I_P = 22A$$

2. 有三个 100Ω 的电阻，将它们连接成三角形负载，接到线电压为 380V 的对称三相电源上构成对称三相电路，试求：线电压、相电压、线电流和相电流各是多少。

解：由于负载为三角形连接：

所以

$$U_P = U_L = 380V$$

负载的相电流为

$$I_P = \frac{U_P}{R} = \frac{380V}{100\Omega} = 3.8A$$

负载的线电流为

$$I_L = \sqrt{3}I_P = \sqrt{3} \times 3.8A \approx 6.58A$$

学习评价与反馈

1.知识点评价

填空

（1）在对称三相电源作用下，流过对称三相负载的各相电流大小＿＿＿＿＿＿，各相电流表的相位差＿＿＿＿＿＿；对称三相负载作星形连接时的中性线电流为＿＿＿＿＿＿＿。

（2）三相照明电路作星形连接，并且必须采用＿＿＿＿＿＿＿＿线路。

计算题

电阻性三相负载作星形连接，各相的电阻分别为 $R_u = 20\Omega$，$R_v = 20\Omega$，$R_w = 10\Omega$，接在线电压为 380V 的对称三相电源上，试求各相的相电流和线电流表，并说明此时的中性线电流是否为零。

2.自我评价

我对三相负载星形连接和三角形连接是这样认识的：＿＿＿＿＿＿＿＿。

项目3 三相负载的功率

项目目标

1.知识目标

●三相负载的功率。

2.能力目标

●能对三相负载的功率进行计算。

项目描述

在介绍了三相负载的功率后进行现场练习。

任务 1 三相负载的功率（三相负载对称）

有功功率 $\qquad P = \sqrt{3}U_L I_L \cos\varphi$

无功功率 $\qquad Q = \sqrt{3}U_L I_L \sin\varphi$

视在功率 $\qquad S = \sqrt{3}U_L I_L$

任务 2 现场练习

实例分析

已知某三相对称负载接在线电压为 380V 的三相电源中，其中每一相负载的

阻值 $R = 6\Omega$，感抗 $X_L = 8\Omega$。试计算该负载作星形连接时的相电流、线电流

以及有功功率。

解：相电压为 $\qquad U_P = \dfrac{U_L}{\sqrt{3}} = \dfrac{380V}{\sqrt{3}} = 220V$

每一相的阻抗 $\qquad |Z| = \sqrt{R^2 + X^2} = \sqrt{6^2 + 8^2}\,\Omega = 10\Omega$

相电流和线电流 $\qquad I_L = I_P = \dfrac{U_P}{|Z|} = \dfrac{220}{10}A = 22A$

功率因数为 $\qquad \cos\varphi = \dfrac{R}{|Z|} = \dfrac{6}{10} = 0.6$

有功功率为 $\quad P = \sqrt{3}U_L I_L \cos\varphi = \sqrt{3} \times 380 \times 22 \times 0.6\,W \approx 8.7kW$

学习评价与反馈

我对三相负载星形连接和三角形连接的功率是这样认识的：_____。

单元 6

小型单相交流变压器的检修

学习导入

变压器利用电磁感应的原理来改变交流电压的装置，主要构件是初级线圈、次级线圈和铁心（磁芯）。在电器设备和无线电路中，常用作升降电压、匹配阻抗，安全隔离等。变压器的功能主要有：电压变换；电流变换，阻抗变换；隔离；稳压（磁饱和变压器）；自耦变压器；高压变压器（干式和油浸式）等，变压器常用的铁芯形状一般有 E 型和 C 型铁芯，XED 型，ED 型 CD 型。

1. 学习目标

1）知识目标

（1）懂磁场和电磁感应的知识。

（2）会小型变压器的绕制方法。

2）能力目标

会绕制小型变压器。

3）培养目标

培养学生绕制小型变压器。

2. 学习项目

项目 1：认识变压器中的磁场与电磁感应

项目 2：小型变压器的绕制

项目 1　认识变压器中的磁场与电磁感应

项目目标

1.知识目标

● 了解磁的基本知识。

● 掌握变压器中磁场的基本物理量。

2.能力目标

● 会应用左手定则、右手定则。

项目描述

介绍了关于磁的基本知识，主要讲解了电磁感应现象。

任务 1　磁的基本知识

1. 磁现象

磁体能够吸引钢铁一类的物质。它的两端吸引钢铁的能力最强，这两个部位叫做磁极。能够自有转动的磁体，例如悬吊的磁针，静止时指南的那个磁极叫做南极，又叫 S 极；指北的那个磁极叫做北极，又叫 N 极。异名磁极相互吸引，同名磁极相互排斥。

2. 磁场、磁力线

1）磁场

对放入其中的小磁针有磁力的作用的物质叫做磁场。磁场是一种看不见，而又摸不着的特殊物质。磁体周围存在磁场，磁体间的相互作用就是以磁场作为媒介的。电流、运动电荷、磁体或变化电场周围空间存在的一种特殊形态的物质。由于磁体的磁性来源于电流，电流是电荷的运动，因而概括地说，磁场是由运动电荷或变化电场产生的。

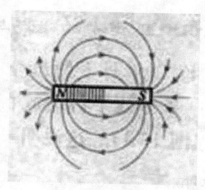

图 6-1 磁场、磁力线

2）磁感线

在磁场中画一些曲线，用（虚线或实线表示）使曲线上任何一点的切线方向都跟这一点的磁场方向相同（且磁感线互不交叉），这些曲线叫磁感线。磁感线是闭合曲线。规定小磁针的北极所指的方向为磁感线的方向。磁铁周围的磁感线都是从 N 极出来进入 S 极或传向无穷远，在磁体内部磁感线从 S 极到 N 极。

磁感线是为了形象地研究磁场而人为假想的曲线，并不是客观存在于磁场中的真实曲线。但可以根据磁感线的疏密，判断磁性的强弱。磁感线密集，则磁性强，稀疏，则弱。

任务 2　磁场的基本物理量

1. 磁感应强度

磁感应强度（B）：表示磁场内某点磁场强弱和方向的物理量。

磁感应强度（B）的方向：与电流的方向之间符合右手螺旋定则。

磁感应强度（B）的大小：$B = F/Il$。

磁感应强度（B）的单位：特斯拉（T），$1T = 1Wb/m^2$。

均匀磁场：各点磁感应强度大小相等，方向相同的磁场，也称匀强磁场。

2. 磁通

磁通（φ）：穿过垂直于 B 方向的面积 S 中的磁力线总数。

说明：如果不是均匀磁场，则取 B 的平均值。磁感应强度（B）在数值上可以看成为与磁场方向垂直的单位面积所通过的磁通，故又称磁通密度。

磁通（φ）的单位：韦[伯]（Wb）1Wb =1V·s。

3. 磁场强度

磁场强度（H）：介质中某点的磁感应强度（B）与介质磁导率（m）之比。

磁场强度（H）的单位：安培/米（A/m）。

安培环路定律（全电流定律）：安培环路定律电流正负的规定，任意选定一个闭合回线的围绕方向，凡是电流方向与闭合回线围绕方向之间符合右螺旋定则的电流作为正、反之为负。在均匀磁场中 Hl=IN 安培环路定律将电流与磁场强度联系起来。

4. 磁导率

磁导率（μ）：表示磁场媒质磁性的物理量，衡量物质的导磁能力。

磁导率（μ）的单位：亨/米（H/m）。

相对磁导率（$μ_r$）：任一种物质的磁导率 m 和真空的磁导率 m_0 的比值。

5. 物质的磁性

1）非磁性物质

非磁性物质分子电流的磁场方向杂乱无章，几乎不受外磁场的影响而互相抵消，不具有磁化特性。非磁性材料的磁导率都是常数，有：$μ_{约}=μ_0$ $μ_{r约}=1$ 当磁场媒质是非磁性材料时，有 $B=μ_0H$，即 B 与 H 成正比，呈线性关系。磁通力 F 与产生此磁通的电流 I 成正比，呈线性关系。

2）磁性物质

磁性物质内部形成许多小区域，其分子间存在的一种特殊的作用力使每一区域内的分子磁场排列整齐，显示磁性，称这些小区域为磁畴。在没有外磁场作用的普通磁性物质中，各个磁畴排列杂乱无章，磁场互相抵消，整体对外不显磁性。在外磁场作用下，磁畴方向发生变化，使之与外磁场方向趋于一致，物质整体显示出磁性来，称为磁化。即磁性物质能被磁化。

任务3   电磁感应

1. 电磁感应

电生磁、磁生电，这就是电磁感应。

1）电生磁

图 6-2 所示就是一个电生磁的实例。在一只铁钉上面用导线绕了一个线圈，当把线圈的两端分别连接在一个电池的正极和负极时，电流就会经由线圈流过，这时铁钉就具有了吸引铁屑的能力，铁钉就有了磁性，如图6-2 所示。此时把连接于电池的导线取消，流过线圈的电流被切断，铁屑有都离开铁钉，掉落下来，铁钉又失去了磁性，如图 6-3 所示。因为线圈有电流流过而产生了磁性，因为线圈的电流被切断停止了电流的流过，又失去了磁性，这就是电生磁的现象。

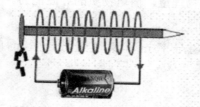

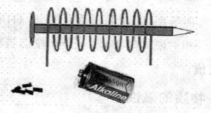

图 6-2   电生磁实例   图 6-3   电生磁现象

既然导体流过电流就能产生磁，那么电流流动的方向和磁极（N 极 S极）的方向有什么关系呢？有一个著名的定则"右手螺旋定则"（也称"安培定则"），就是依据右手握拳，拇指伸直这种手的形态；来判断磁场的方向。也就是根据导体或者线圈内部电流的方向来判断磁场的方向。

图 6-4 所示是一个闭合的回路，图中电流由电池的正极经过线圈流向负极，线圈上箭头方向是电流的方向，线圈内部产生磁力线的方向是左边是 S 极、右边是 N 极，这正好和图 6-5 所示的右手握拳，拇指伸直这种手的形态相吻合，即；右手四指所指是电流的方向，伸直拇指所指是磁场 N极的方向（也就是磁力线的指向）。

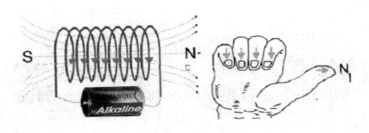

图 6-4　闭合回路（一）　　　　图 6-5　右手判断方法

同样通电的直导线的周围也会产生以导线为圆心的同心圆磁场，如图 6-6 所示。

这个直导线流过电流的磁场和磁场的方向也可以采用右手握拳，拇指伸直这种手的形态来判断：如图 6-7 所示，右手握通电的直导线，拇指是电流的方向，握拳的四指就是围绕直导线磁场的方向。

结论：导体通过电流就会产生磁场，磁场的方向和电流的方向有关。

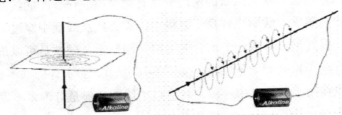

图 6-6　闭合回路（二）

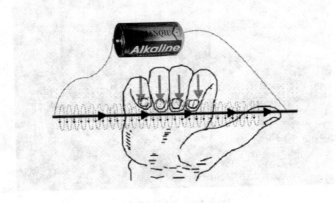

图 6-7　右手判断方法

2）磁生电

图 6-8、图 6-9 是自行车发电机的构造原理图。

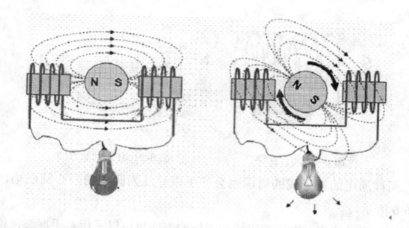

图6-8 自行车发电机的构造原理图（一）　图6-9 自行车发电机的构造原理图（二）

在图 6-8 中，中间有标有 NS 极的是一个圆形永久磁铁，其磁力线的分布是从 N（北极）极指向 S（南极）极，图中有箭头的虚线是磁场磁力线的分布图。在圆形永久磁铁的两边分别有两个串联在一起的线圈，由于线圈靠近永久磁铁，线圈也置身于磁场中；磁力线从线圈中穿过。线圈的两端连接一只灯泡，形成一个闭合的回路。圆形永久磁铁是可以旋转的，可以在自行车车轮的带动下旋转，如图 6-10 所示。当永久磁铁不旋转时；虽然线圈也作用于磁场之中，磁力线穿过了线圈，但是灯泡是不发光的，就好象自行车车轮不转动；车灯是不会亮的。

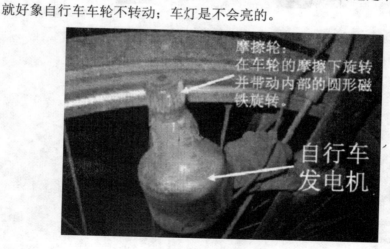

摩擦轮：
在车轮的摩擦下旋转
并带动内部的圆形磁
铁旋转。

自行车
发电机

图6-10 自行车车轮

当自行车在骑行时；车轮带动永久磁铁旋转；永久磁铁磁场的磁力线也随之旋转，此时永久磁铁傍边的线圈等于在不停的切割磁力线，此时灯泡也开始点亮发光，自行车骑的越快，永久磁铁也旋转的越快，灯泡也就越亮。

大师点晴

这个自行车发电机的工作原理说明了如下问题：

1）导体切割磁力线导体内部就会产生电势，如果导体是闭合回路；这个电势就会形成电流。

2）导体切割磁力线的速度越快（永久磁铁在车轮的带动下旋转越快）；电势就越高，如果是闭合回路内部的电流也就越大（灯泡越亮）。注：这个因为切割磁力线而产生的电势就叫："感生电势"（感生电势就是因为电磁感应现象产生的电势）。

结论：导体切割磁力线就会产生感生电势，这就是磁生电的电磁感应现象。

通过前面的学习，引入两个名词：外加电势，感生电势（感应电势）。外加电势：使导体或者线圈产生电流的外接电源就称为外加电势，例如图6-2中的电池产生的电压。感生电势（感应电势）：导体或者线圈和磁力线（磁场）相对（切割磁力线运动）运动产生的电势（因"磁"）而产生的电势，称为感生电势或感应电势。

2. 左手定则

判定通电导体在磁场中偏移的方向。

前面已经讲到；导体在通电时，周边就会产生磁场。那么把这个通以电流具有磁场的导体，放置于另外一个恒定的磁场之中，由于两个磁场之间的吸引和排斥作用，就会带动这个导体的位置发生偏移（移动）。前面谈到由于磁场的方向和电流的方向有关，所以导体流过电流的方向，也决定了这个导体在磁场中偏移的方向，这个方向可以用伸直的左手的拇指和四指的方向来判断。

方法如图6-11所示：当通电导体置于磁场中时，把左手伸直，拇指和四指垂直，磁力线从掌心穿过（掌心向着磁场N极）四指所指是电流的方向，拇指就是通电导体作切割磁力线移动的方向，图6-11所示中虚线箭头方向就是导体移动的方向。

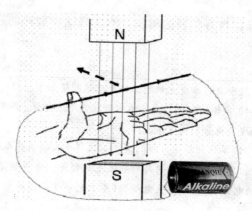

图 6-11　左手方法判断

3. 右手定则

判定导体在磁场中作切割磁力线移动时，产生的感生电势的方向。

在磁场中导体作切割磁力线运动时，导体内部就会产生感生电势，如果导通的外部连接成为一个闭合回路，那么切割磁力线的导体内部就会形成电流，这个电流的方向与导体切割磁力线的方向有关。如图 6-12 所示，在图 6-12 中磁力线从右手掌心穿过（手心面对 N 极），拇指的方向是导通切割磁力线移动的方向，四指的指向就是电流的方向（图中电流表指示为正）。

同样，如果导体向拇指相反的方向移动，那么，导体内部的电流方向则和四指所指向相反，如图 6-13 所示（图中电流表的指示为负——指针反相偏转）。

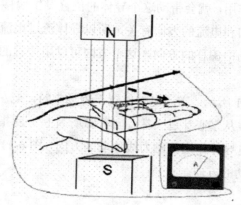

图 6-12　电流的方向与导体切割磁力线的方向有关

左手定则是判断通电流的导体在磁场中作切割磁力线偏转的方向；右

手定则是判断导体在磁场中作切割磁力线运动时，导体内部产生的感生电流（电势）的方向。

我们根据图 6-11 和图 6-13 思考一个问题：如图 6-11 所示，当外加电源通过导体时导体向右边发生偏转并作切割磁力线的运动；电流和四指同方向，这个偏转是因为外加电势（电池）的电流引起的。在这个偏转作切割磁力线移动的同时，显然导体（切割磁力线的运动）内部也会出现因切割磁力线运动而产生的感生电势，如图 6-13 所示，显然这时感生电势的方向是和四指的方向相反的。通过图 6-11 和图 6-13 的显示结果得出一个结论：在同一个导体中，外加电势和感生电势是相对抗的。外加电势加强引起导体偏移的速度和距离增大，该导体产生对抗的感生电势也增大，对抗外加电势引起电流增大的能力越强。

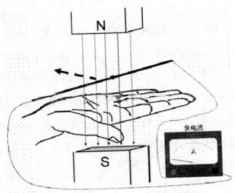

图 6-13　因切割磁力线运动而产生的感生电势

在电感线圈中，外加电势和感生电势的关系。

当线圈不连接外加电势时：线圈的内部没有磁场，也没有感生电势，图 6-14 所示。

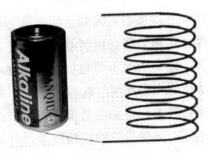

图 6-14　不产生感生电势

当外加电势的正极和负极连接于线圈上时：外加电势就会在线圈内部形成电流，由于电流的产生，线圈内就会产生磁场，磁场的产生（磁力线由外部一根一根的飞进线圈内部）；等效于线圈在切割这一根一根飞入的磁力线，线圈内部就会因为切割磁力线而产生感生电势，这个感生电势和外加电势也是对抗的（根据前面左右手定则的结论），图6-15所示。

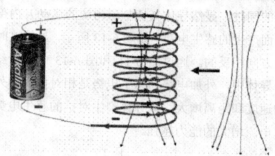

图6-15　感生电势和外加电势也是对抗的

此时外加电势引起电流的上升，受到内部产生的感生电势的对抗，减低了上升的速度（上升一点，对抗一点）呈锯齿波形逐步上升，如图6-16所示，图中上部是接通外加电势的波形，下部是线圈内部电流波形。这也就是CRT电视机的行偏转线圈接在行输出管的集电极，行输出管工作在开关状态，加在行偏转线圈两端的是方形波电压，而行偏转线圈内部产生的是锯齿波的原因。

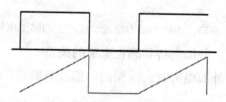

图6-16　呈锯齿波形逐步上升

当外加电势继续接在线圈上，线圈上的电流会继续逐步的上升，线圈内部的磁力线密度（磁通）即会达到最大值，进入磁饱和状态，由于磁力线进入饱和状态，即磁力线不再增加，如图6-17所示，磁力线的不再增加也就没有了感生电势产生（此时的感生电势也就不再产生，对抗外加电势的力量也就失去，外加电势就会再没有任何对抗的情况下，引起的电流会急剧上升，出现危险的短路现象，这就是CRT电视机行频低要烧行管的原因）。

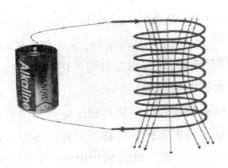

图 6-17　短路现象

在电流接近最大值状态时，流过线圈的电流维持着磁力线此存在（有电流就有磁场）。这是如果立即切断外加电势，图 6-18 所示。

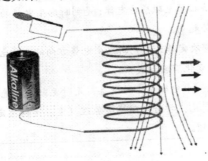

图 6-18　切断外加电势

外加电势被切断，线圈的电流也被迫切断，此时赖以维持磁通密度的电流也失去了（没有电流就没有磁场），就好像一瞬间所有的磁力线都迅速的逃跑了，大量的磁力线在极短的时间飞出了线圈，线圈等于在极短时间切割了大量的磁力线，根据法拉第电磁感应定律，在线圈内部，就会产生极高的感生电势，此感生电势可以高出外加电势几倍几十倍，并且由于是磁力线的飞出（和原来磁力线飞入相反）感生电势方向是上负下正（和原来线圈电流增加时产生的感生电势极性相反），如图 6-19 所示。

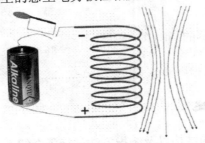

图 6-19　外加电势被切断后

这就是为什么在CRT电视机的行输出电路中,行供电只有100多伏特,而行管的耐压要选用1500伏特的原因(行管在截止的瞬间,行输出内部的磁通迅速消失,引起行输出的线圈短时间内切割大量磁力线产生极高的反向感生电势,加在行管的集电极)。

结论:在电感线圈中,外加电势和感生电势始终是对抗的,外加电势上升引起电流的上升,感生电势对抗它的上升;外加电势下降引起电流的下降,感生电势对抗它的下降(此时感生电势和外加电势同方向)——楞次定律。

大师点睛

电磁感应有两大定律:

1. 法拉第电磁感应定律:是判断感生电势的强度的;磁通变化越快,感生电势越高。

2. 楞次定律:是判断感生电势方向的,感生电势的方向与磁通的增加、减少,磁通方向的变化有密切关系。

我们的电视机就是一个电磁感应的设备,无时无刻不在进行着感生电势方向(极性)、大小(幅度)的变化,学好电磁感应原理(重点是楞次定律),掌握独立分析电路原理、分析故障的本领。

项目 2　小型变压器的绕制

项目目标

1.知识目标

●会小型变压器的绕制方法。

2.能力目标

●会小型变压器的绕制。

项目描述

对小型变压器的结构以及绕指方法进行了介绍。

任务 1　小型变压器的认识

小型变压器的结构如图 6-20 所示，铁心和绕组是变压器的最基本部分。

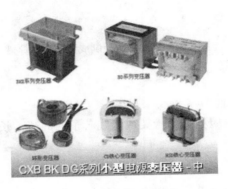

图 6-20　小型变压器的结构

任务 2　小型变压器的绕制

基本操作步骤描述：

绕制前的准备→绕线绝缘处理→铁心镶片→测试

1. 绕制前的准备工作

1）导线的选择

根据计算的匝数和导线的截面积选用相应规格的漆包线。

2）绝缘材料的选择

绝缘材料的选用必须考虑耐压要求和允许厚度，层间绝缘厚度应按 2 倍层间电压的绝缘强度选用。

3）制作木芯

木芯是为了方便绕线套在绕线机转轴上支撑绕组骨架的。

4）制成绕线芯子及骨架

绕线芯子除起支撑作用外，还起对铁心的绝缘作用。小型变压器可选用绝缘纸板制成无框纸质骨架，如图 6-21 所示。

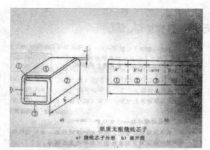

图 6-21　用绝缘纸板制成无框纸质骨架

2. 绕线

1）裁剪好各种绝缘纸

绝缘纸的宽带应稍长于骨架或绕线芯子的周长，长度应大于骨架或绕线芯子的周长。

2）起绕

小型变压器的绕组一般都采用手摇绕线机绕线，如图 6-22 所示。

图 6-22　起绕

3）绕线方法

导线要求缠绕的紧密、整齐，不允许有折线现象。绕线时将导线稍微拉向绕线前进的反方向约 5°，如图 6-23 所示。

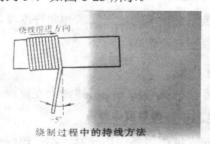

图 6-23　绕线方法

4）静电屏蔽层的制作

电子设备中的电源变压器，需在一、二次侧绕组间放置静电屏蔽层。

5）引出线

当线径大于 0.2mm 时，绕组的引出线可利用原线绞合后引出。线径小于 0.2mm 时应采用多股软线焊接后引出。

6）外层绝缘

线包绕制好后，外层绝缘用铆好焊片的青壳纸缠绕 2～3 层，用胶水粘牢。

3. 绝缘处理

将线包在烘箱内加热到 70～80℃，预热 3～5h 取出，立即浸入 1260 漆等绝缘漆中约 0.5h，取出后在通风处滴干，然后在 80℃烘箱内烘 8h 左右即可。

4. 铁心镶片

1）镶片要求

要求紧密、整齐，不能损伤线包。

2）镶片方法

镶片应从线包两边一片一片地交叉对镶。镶片完毕后，把变压器放在平板上，用木槌将硅钢片敲打平整。

5. 测试

1）绝缘电阻的测试

绝缘电阻值应不低于 90MΩ。

2）空载电源的测试

二次测绕组的空载电压允许误差为 5%，中心轴头电压误差为 2%。

3）空载电流测试

空载电流约为额定电流的 5%~8%。

单元 7

三相异步电动机的拆装

学习导入

作电动机运行的三相异步电机。三相异步电动机转子的转速低于旋转磁场的转速，转子绕组因与磁场间存在着相对运动而感生电动势和电流，并与磁场相互作用产生电磁转矩，实现能量变换。

1. 学习目标

1）知识目标

会三相异步电动机的维护与检修的方法。

2）能力目标

（1）会中小型三相异步电动机的拆装。

（2）会对中小型三相异步电动机维护。

（3）会中小型三相异步电动机定子绕组的重绕。

3）培养目标

培养学生能对中小型三相鼠笼式电动机的维护与检修。

2. 学习项目

项目1：中小型三相异步电动机的拆装

项目2：三相异步电动机的维护

项目3：三相异步电动机绕组重绕

项目 1　中小型三相异步电动机的拆装

项目目标

1.知识目标

●认识中小型三相电动机的结构及用途。

2.能力目标

●会中小型三相异步电动机的拆装。

●会中小型三相异步电动机安装后的调试技能。

项目描述

主要介绍了中小型三相异步电动机的机构、三相异步电动机的拆卸、电动机主要零部件的安装以及接线和调试。

任务 1　认识中小型三相异步电动机的结构

中小型三相异步电动机的结构如图 7-1 所示。

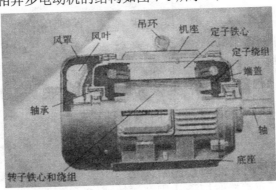

图 7-1　三相异步电动机

1.定子

电动机的静止部分称为定子,主要有定子铁心、定子绕组和机座等部件。

2. 转子

转子是电动机的旋转部分，由转子铁心、转子绕组、转轴和风叶等组成。

3. 其他附件

其他附件包括端盖、轴承和轴承盖、风扇和风扇罩等。

任务 2　三相异步电动机的拆卸

拆装专用工具、材料和仪器仪表如图 7-2 所示。

图 7-2　拆装专用工具

三相异步电动机的拆装步骤如下：

基本操作步骤描述：切断电源→拆卸轮带→拆卸风扇→拆卸轴伸出端端盖→拆卸前端盖→抽出转子→拆卸轴承→重新装配→检查绝缘电阻→检查线路→通电试车

1. 带轮或联轴器的拆卸

如图 7-3 所示，首先在带轮或联轴器的轴伸端上做好标记，再将带轮或联轴器上的定位螺钉或销松脱取下。装上拉具，把联轴器慢慢拉出。注意，次过程不能用锤子直接敲出带轮或联轴器。

2. 风罩和风叶的拆卸

如图 7-4 所示，先把外风罩螺钉松脱，取下风罩；然后把转轴尾部风叶上的定位螺钉或销松脱取下，用金属棒或锤子在风叶四周均匀的轻敲，风叶就可松脱下来。对于采用塑料风叶的电动机，可用热水浸泡风叶，待其膨胀后再拆卸。

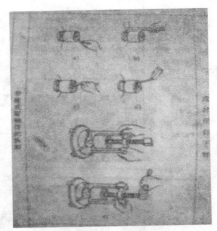

图 7-3　联轴器拆卸

图 7-4　风罩和风叶拆卸

3. 轴承和端盖的拆卸

　　如图 7-5 所示，首先把轴承的外盖螺栓松下，卸下轴承外盖。然后松开端盖的螺栓，随后用锤子均匀的敲打端盖四周，把端盖取下。

图 7-5　轴承和端盖拆卸

4. 轴承盖和端盖的拆卸

　　如图 7-6 所示，对于小型电动机，可把轴伸出端的轴承外盖取下，再

165

松开端盖的固定螺栓，然后用木槌敲打伸出端，这样可把转子连同后盖一起取下。

5. 抽出转子

如图 7-7 所示，抽出转子时，应小心谨慎、动作缓慢，不可歪斜，以免碰擦定子绕组。

图 7-6 轴承盖和端盖拆卸　　　　　　图 7-7 抽出转子

6. 拆卸前端盖

如图 7-8 所示，木槌沿前端盖四周移动，同时用锤子敲打木槌，卸下前端盖。

图 7-8 拆卸前端盖

7. 拆卸轴承

如图 7-9 所示，目前采用拉具拆卸、铜锤拆卸、放在圆筒上拆下、加热拆卸、轴承在端盖内拆卸等 5 种方法。用拉具拆卸的方法如图：根据轴承的规格及型号，选用适宜的拉具，拉具的脚抓应扣在轴承的内圈上，切勿放在内圈上，以免拉坏轴承。拉具丝杠定点要对准轴承中心，动作要慢，用力要均匀，然后慢慢拉出。

图 7-9　拆卸轴承

任务 3　电动机主要零部件的安装

1. 轴承的检查

　　如图 7-10 所示，将轴承和轴承盖先用煤油清洗干净，再用手转动外圈，观察其转动是否灵活，均匀。如遇卡住或松动现象，要有塞尺检查轴承磨损情况，再决定是否更换。

图 7-10　轴承的检查

2. 轴承的清洗

　　如图 7-11 所示，如不需要更换轴承，可将轴承用汽油清洗干净。

3. 安装轴承

　　如图 7-12，将轴承套装到轴颈上。目前有冷套法和热套法两种。一般情况下用冷套法。冷套法是把轴承对准轴颈，将轴承套套到轴上，用一段铁管的一端定在轴承的内圈上，用锤子敲打另一端，慢慢的敲入。

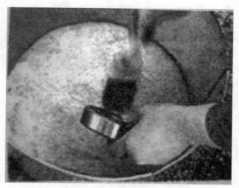

图 7-11　轴承的清洗

图 7-12　安装轴承

4. 后端盖的安装

如图 7-13 所示，将轴伸出端朝下垂直放置，在其端面上垫上木板，将后端盖套在后轴承上，用木槌敲打，把后端盖敲进去后，装轴承外盖。紧固内外轴承上的螺栓时要逐步拧紧。

图 7-13　后端盖的安装

5. 转子安装

如图 7-14 所示，把转轴对准定子内圈中心，小心的往里放，后盖要对准与机座上的标记，旋上后盖螺栓，但不要拧紧。

图 7-14 转子安装

6. 前端盖安装

如图 7-15 所示，将前端盖对准与机座的标记，用木槌均匀的敲击端盖四周，不可单边用力，盖紧后拧上端盖的紧固螺栓。

图 7-15 前端盖安装

7. 风叶和风罩的安装

如图 7-16 所示，风叶和风罩安装完毕后，用手转动转轴，转子应灵活转动、均匀，五停滞或偏重现象。

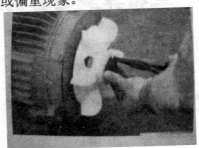

图 7-16 风叶和风罩的安装

8. 带轮或联轴器的安装

如图 7-17 所示，安装时要对准键槽或止紧螺钉孔。对于小型电动机应在带轮或联轴器的端面上垫上木块，再用锤子打入。

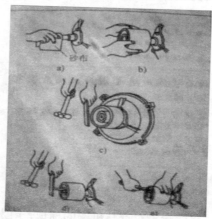

图 7-17　带轮或联轴器的安装

任务 4　接线和调试

（1）调试前应进一步检查电动机的装配质量。

（2）用兆欧表测量电动机绕组之间和绕组与地之间的绝缘电阻应符合技术要求。

（3）根据电动机的铭牌要求进行接线。

（4）测量电动机空载电流。

（5）用转速表测电动机的转速，并与电动机的额定转速进行比较。

项目 2　三相异步电动机的维护

项目目标

1. 知识目标

●懂三相异步电动机的维护知识。

2.能力目标

●懂中小型三相异步电动机的维护方法。

●会对中小型三相异步电动机进行维护。

 项目描述

主要介绍了三相异步电动机的保养及日常检查和三相异步电动机的保修周期及内容。

任务 1　三相异步电动机的保养及日常检查

电动机的保养及日常检查

（1）保持电动机的清洁，不允许水滴、污垢及杂物落到电动机上，更不能使其进入电动机内部。要防止灰尘、污垢、潮湿的空气及其他有害气体进入电动机，以免破坏绕组绝缘，要定期将电动机拆开，彻底清扫检修。

（2）注意电动机转动是否正常，有无异常的声响和振动。启动时间、电流是否正常。

（3）监视电动机绕组、铁心、轴承、集电环或换向器等部分的温度。检查电动机通风情况，保持散热风道、风扇罩通风孔不堵塞，进出风口通畅。

（4）检查电动机的三相电压、电流是否正常。监视电动机的负载情况，使负载在额定的允许范围内。

（5）注意电动机的配合状态，如轴颈、轴承等的磨损情况，传送带张力是否合适。

任务 2　三相异步电动机的保修周期及内容

（1）日常保养：主要是检查电动机的润滑系统、外观、温度、噪声、振动等是否有异常情况。检查通风冷却系统、滑动摩擦状况和紧固情况，认真做好记录。

（2）月保养及定期巡回检查：检查开关、配线、接地装置等有无松动、破损现象；检查引线和配件有无损伤好老化；检查电刷和集电环的磨损情况，电刷在刷握内是否灵活等。

（3）年保养及检查：除了上述项目外，换要检查和更换润滑剂。检查零部件生锈和腐蚀情况；检查轴承磨损情况，判断是否需要更换。

项目 3　三相异步电动机绕组重绕

项目目标

1.知识目标

●学会三相异步电动机绕组重绕技能。

2.能力目标

●熟练的拆除三相异步电动机的定子绕组。

●掌握三相异步电动机绕组重绕技能。

项目描述

对三相异步电动机绕组重绕的具体操作进行了介绍。

任务 1　记录原始数据、填写电动机修理单

先把被修理电动机的铭牌数据填入修理单，技术数据在定子绕组拆除后填写，实验值则最后填写。

任务 2　拆除待修电动机定子绕组

1.通电加热法

在三相定子绕组没有断路的情况下，可将三相绕组连接成闭合回路，

然后给定子绕组加上适当的交流电压，使定子绕组发热，将绝缘漆软化。待绕组受热软化后，立即切断电源，打出槽楔，将绕组一端剪断，再用钳子、旋具等工具将绕组拆除。

2. 烘箱加热法

将带拆定子铁心及绕组一起放在烘箱中加热数小时，使其绝缘软化，再用上法拆除定子绕组。

3. 冷差法

先打出槽楔，再将绕组的一个端部切断，然后用旋具、钳子等工具将绕组从铁心槽中逐步取出。

任务 3　清槽

定子绕组拆除后，应进行清槽工作，将定在铁心槽中残存的绝缘物清除干净。可用铁锯片制成清槽锯，并用皮老虎将槽吹干净。

任务 4　绝缘材料的裁剪与制作

1. 槽内绝缘

（1）槽绝缘纸伸出定子铁心之外的长度，要根据电动机容量大小而定。通常可按原电动机的槽绝缘纸剪切。

（2）槽绝缘纸宽度的确定可按实际铁心槽的形状而定。

（3）层间绝缘材料是在双层绕组的电动机中，用来隔开槽内上下两个线圈的材料。

2. 端部绝缘

端部绝缘是垫在绕组两端作为相与相之间的绝缘材料，质地与槽内绝缘材料相同。

3. 引出线绝缘

引出线与绕组端部相连的部位，用醇酸玻璃漆布带半绕一层，外面再套上醇酸玻璃漆管。

4. 槽楔的制作

槽楔的制作较简单，一般均是在下好料后用电工刀削成与原槽楔相仿的等腰梯形。

任务 5 线圈的绕制

1. 线圈模的制作

1）线圈模的分类

目前常用的线圈模有固定线圈模和可调线圈模两种：

（1）固定线圈模

一般用木材制成，有模心和隔离板组成，导线绕放在模心上，隔板起挡住导线使其不脱落模心的作用。主要分圆弧形和菱形两种。如图 7-18 所示。

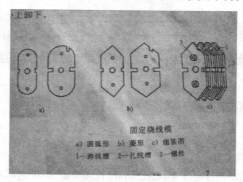

图 7-18　圆弧形和菱形圈模

（2）可调绕线模

适用于较大电动机修理部门。如图 7-19 所示。

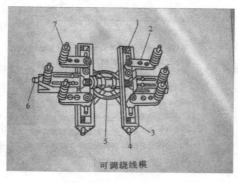

图 7-19　可调绕线模

2）确定模心尺寸

在拆卸旧电动机定子绕组时，必须留下一个完整是线圈作为制做模心的依据。

2. 线圈的绕制

基本操作步骤描述：选用电磁线→安装绕线→模绕制线圈→线圈绑扎

（1）电磁线可根据旧绕组的电磁线规格或根据电动机的技术要求，通过查看电磁线的数据规格来选取。

（2）将线模安装在绕线机上用螺母将其固紧。如图 7-20 所示。

图 7-20　安装线模

（3）将绕线机指针调零后，用绕线机绕制线圈。如图 7-21 所示。

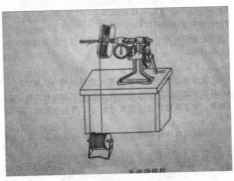

图 7-21　绑扎好线圈

（4）当一个线圈绕制完毕后，应用扎线将各线圈绑扎好，以防其散开。

任务 6　嵌线

基本操作步骤描述：安装绝缘→理线→插入引线纸→嵌入引线槽→划

线如槽→插入层间绝缘线→接线→端部包扎和整形。

1. 绝缘的安装

（1）当使用 DMD+M 时，先将 M 两端折包在 DMD 上。然后沿纵向折起，用手捏住插入槽中。如图 7-22 所示。

（2）安防层间绝缘的方法：用手将层间绝缘捏成向下弯曲的瓦片状并慢慢地逐次推入如图 7-22 所示。

（3）安防盖条：与暗访层间绝缘完全相同如图 7-22 所示。

图 7-22　绝缘的安装

2. 理线

解开线圈的一个绑扎线，两手配合，先用右手将线圈边理直边捏扁，再用左手捏住线圈的一端向一个方向旋柠导线，使直线边呈扁平状。如图 7-23 所示。

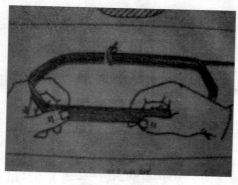

图 7-23　理线

3. 插入引线纸

如图 7-24 所示，将两片 M 薄膜插放在槽内。

4. 嵌线如槽

右手捏平线圈直线边，左手捏住线圈前端，使直线边和槽线呈一定角度，将线圈前端下角插入引线纸开口并下压至槽内如图 7-25 所示。

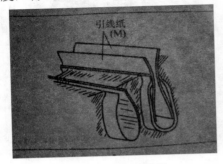

图 7-24　插入引线纸

图 7-25　嵌线如槽

5. 划线入槽

当按上述方法若导线未能全嵌入槽内时，可用划线板插入槽中。操作时要耐心避免划伤绝缘如图 7-26 所示。

6. 安放起把线圈垫纸

起把线圈是指为了让最后几个线圈嵌入而有一个边暂不嵌入槽内的线圈如图图 7-27 所示。

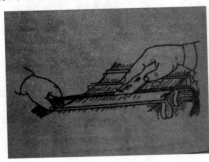

图 7-26　划线入槽

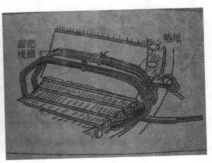

图 7-27　安放起把线圈垫纸

7. 连绕线圈的放置

对于连绕的几个线圈，可平摆在铁心旁，嵌入一个线圈后，将下一个线圈线沿轴向翻转 180°，即达到预定位置。如图 7-28 所示。

8. 连绕线圈

连绕线圈都是采用先依次嵌入第一边，再依次嵌入第二条边，最后逐个进行封槽的方法。如图 7-29 所示。

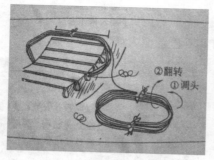
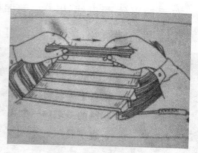

图 7-28 连绕线圈的放置　　　　　　图 7-29 连绕线圈

9. 插入层间绝缘

将层间绝缘插入后，用压脚插入槽中，用锤子轻轻敲击压脚，从一端到另一端，是下层线略压紧。如图 7-30 所示。

10. 嵌线过程中的端部整形

如图 7-31 所示，注意用力不要过猛或过大，以防止压破槽口绝缘或打破导线绝缘。

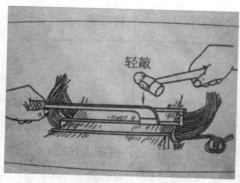

图 7-30 插入层间绝缘　　　　　　图 7-31 嵌线过程中的端部整形

11. 端部包扎

端部包扎应为每个线圈端部都包扎一段绝缘漆布带货白布带。如图 7-32 所示。

12. 绝缘槽封口和插入槽楔

槽绝缘封口和插入槽楔是同时进的。先用左手拿压脚，从一端将槽绝缘剩出部分的一边压倒并向另一端推进，使该边在整个槽内都被压倒。如图 7-33 所示。

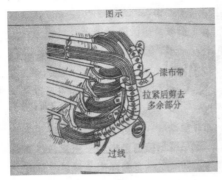

图 7-32　端部包扎

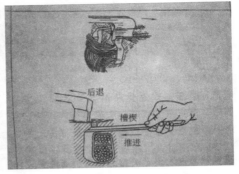

图 7-33　绝缘槽封口和插入槽楔

13. 翻把（图 7-34）

14. 插入相间绝缘（图 7-35）

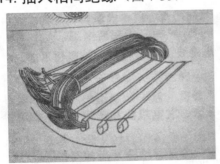

图 7-34　翻把

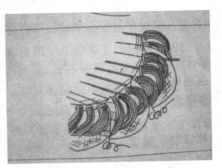

图 7-35　插入相间绝缘

15. 剪去露出的相同绝缘（图 7-36）

图 7-36　剪去露出的相同绝缘

16. 端部整形（图 7-37）

手柄

专用整形胎

图 7-37　端部整形

任务 7　测试

1. 三相绕组接线测试

检测三相绕组的链接是否正确，磁极是否无误，可用三相变压器给三相绕组通入 60～80V 交流电压，在定子铁心内放上一钢珠，如果钢珠能沿内圆旋转，则表明绕组接线正确。

2. 首尾端的判断

有低压交流电源法、发电机法和干电池法。

3. 直流电阻的测定

用单臂桥分别测量三相直流电阻值，要求其平衡度不超过 4%。

4. 绝缘电阻的测量

用兆欧表分别测量每相绕组对地的绝缘电阻及相与相之间的绝缘电阻，其阻值均不大于 0.5MΩ。

任务 8　浸漆与烘干

1. 预烘

预烘的目的是使绕组加热以驱除分布在绕组内部的潮气和低温分子挥发物，以便于使绕组被绝缘漆浸透。

2. 浸漆

电动机预烘后，待温度降到 60～70℃，即可开始浸漆。有两种方法：一种是沉浸法，另一种是浇漆法。

3. 烘干

绕组浸漆后摇烘干处理，烘干的目的是为了漆中的水分和溶剂挥发掉，使绕组表面形成较为坚固的漆膜。常用的烘干方法有四种：循环热风烘干法、白炽灯泡烘干法、电热烘箱加热烘干法和电流加热烘干法。

任务 9　试验

电动机装配完毕后，必须对电动机进行一系列试验，以考核其检修质量是否符合要求。试验的项目主要有：直流电阻测定、绝缘电阻测定、耐压试验、空载试验、短路试验和升温试验等。

单元 8

照明电路的安装与检修

学习导入

照明灯具接其配线方式、厂房结构、环境条件及对照明的要求不同而有吸顶式、壁式、嵌入式和悬吊式等几种方式，不论采用何种方式，都必须遵守相关的规则。

1. 学习目标

1）知识目标

（1）掌握电工材料的分类和选择。

（2）掌握简单照明电路的连接方法。

2）能力目标

（1）掌握简单电路的连接方法。

（2）能利用电工用具对导线进行绝缘层的剖削和绝缘层的恢复。

（3）能识读电路图。

（4）会按图安装调试简单照明电路。

3）培养目标

培养学生能对简单照明电路，室内照明电路进行安装调试。

2. 学习项目

项目 1：电工材料的选择与使用

项目 2：照明装置的安装

项目 3：室内配电、照明线路的安装

项目 1　电工材料的选择与使用

项目目标

1.知识目标

● 了解电工材料各自的特性，来选择正确的材料。

2.能力目标

● 掌握电工材料的选择方法。

项目描述

介绍了常用的电工材料、绝缘材料、普通导电材料、导线连接与绝缘恢复、技能训练以及常用电工材料及其选用。

任务 1　电工材料分类

（1）绝缘材料：$\rho > 10^8 \Omega \cdot mm^2/m$ 的材料工程上称为绝缘材料，起作用是隔离不同电位的导体，同时起到支撑、固定、灭弧、防潮、防霉、保护导体等作用。

（2）导电材料：电阻率 ρ 很小的材料都是导体，都能起到传导电流的作用。

（3）半导体材料：导电性能介于绝缘材料和导电材料之间的材料，这种材料有很特殊的用途。

（4）磁性材料：能够产生磁场的特殊材料。

（5）特殊电工材料：指新发现新创造的具有特殊电学性能的材料，例如：超导体材料、光电材料、发光材料、压电材料等。

任务 2 绝缘材料

1. 分类

（1）气体绝缘材料：常用的有空气、氮气（N_2）、二氧化碳（CO_2）和六氟化硫（SF_6）等。

（2）液体绝缘材料：常见的有变压器油、断路器油、电容器油和电缆油等。

（3）固体绝缘材料：常用的有绝缘漆、胶、纸板及漆布、漆管、云母、电工塑料、陶瓷、橡胶等。

2. 耐热等级

绝缘材料的耐热性能是指绝缘材料及其制品承受高温而不致损坏的能力。耐热等级见表 8-1，其长期正常工作所允许的最高温度可分为七级。

表 8-1 耐热等级

耐热等级	Y 级	A 级	E 级	B 级	F 级	H 级	C 级
最高允许温度（℃）	90	105	120	130	155	180	>180

3. 绝缘老化的原因、形式和结果

绝缘材料在运行过程中由于各种因素的作用而发生一系列的不可恢复的物理化学变化，导致材料电气性能与力学性能劣化称为老化。

4. 常见绝缘材料及用途（表 8-2）

表 8-2 常见绝缘材料及用途

名称	种类	牌号或分类	用途
绝缘漆	浸渍漆	有溶剂和无溶剂之分	浸渍电机、电器线圈、固定和隔离导体
	覆盖漆	清漆和瓷漆	覆盖于浸渍处理的线圈和零件表面形成保护层，分凉干漆和烘干漆
浇注胶	电器浇注胶	树脂加固化剂	用于浇注电缆接头、套管、20kV及以下的电流互感器、10kV 及以下的电压互感器等
	电缆浇注胶	松香脂型、沥青型、环氧树脂型	

名称	种类		牌号或分类	用途
纤维制品	电缆纸		DL-08、DL-12.DL-17 等	用于 35kV 及以下电力电缆、控制电缆和通讯电缆的绝缘等
			GDL-045、GDL-075、GDL-125 等	110kV 及以上高压电缆的绝缘，绝缘皱纸用于高压油电缆各种接头盒绝缘
	聚氯乙烯胶带			包扎电线电缆接头，防潮、耐酸、柔软，绝缘性能好
	涤纶纤维丝			
	黑胶布带		380V 及以下电线电缆的包扎和绝缘	
	黄蜡带		用于耐热等级较低的低压电器的绝缘	
橡胶塑料	橡胶	天然、人造	电线电缆的外护层（绝缘保护皮）	
	塑料	热固性	酚醛塑料、氨基塑料	绝缘零件、壳体
		热塑性	ABS、尼龙 1010	外壳、航空电缆护层
薄膜及其制品	绝缘薄膜	聚乙烯薄膜	通讯高频水底电缆绝缘	
		聚四氟乙烯薄膜	高温耐蚀环境、电容制造仪表绝缘	
		聚脂薄膜	低压电机相间绝缘、槽绝缘、成型线圈包扎带	
		聚酰亚胺薄膜	现代工业、核设备和耐高温的电器部件的绝缘	
	复合制品	青壳纸(聚脂玻璃漆布)	E 级（B 级）电动机槽绝缘、端部层间绝缘	
	黏带	薄膜黏带	H 级电动机槽绝缘、端部层间绝缘	
		织物黏带	H 级电动机、电器线圈和导线绝缘	
		无底材黏带	高压电动机线圈绝缘	

任务3 普通导电材料

表 8-3 普通导电材料

材料	类别		型号	用途
铜	普通纯铜	一号铜	T1	导电线芯
		二号铜	T2	仪器仪表导电零部件
	无氧铜	一号无氧铜	TU1	真空器件、电子仪器零件、耐高温导电微细丝
		一号无氧铜	TU2	
	无磁性高纯铜		TWC	高精度仪器仪表动圈漆包线
铝	特一号铝		AL-00	电线电缆、导电结构件及各种导电铝合金、汇流排
	特二号铝		AL-0	
	一号铝		AL-1	

任务4 导线连接与绝缘恢复

大师点睛

1. 掌握导线的连接技能。

2. 掌握恢复导线绝缘的技能。

在电气装修中，导线的连接是电工的基本操作技能之一。导线连接质量的好坏，直接关系着线路和设备能否可靠、安全地运行。对导线连接的基本要求是电接触良好，有足够的机械强度，接头美观绝缘恢复正常。

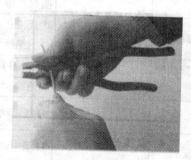

图 8-1 导线接头

1. 导线绝缘层的剖削

导线线头的绝缘层必须刮削除去，以便芯线连接，电工必须学会用电工刀或钢丝钳来剖绝缘层。

1）塑料硬线绝缘层的割削

塑料硬线绝缘层可用钢丝钳进行剥离也可用剥线钳或电工刀进行剖削。

（1）芯线截面积（≤4mm²）及其以下的塑料硬线，一般可用钢丝钳进行剖削，气方法如图所示。

基本操作步骤描述：选择合适的位置→钢丝钳口切割绝缘层→勒出塑料绝缘

①用左手捏导线。根据线头所需长度用钢丝钳口切割绝缘层但不可切入线芯。

②用手握住钢丝钳头用力向外勒出塑料绝缘层。

③剖削出的芯线应保持完整无损，如损伤较大应重新剖削。

（2）芯线截面积大于 4mm² 的塑料导线，可用电工刀来剖削绝缘层。其方法和步骤见表 8-4。

表 8-4　电工刀剖削绝缘层方法与步骤

步骤	图示	说明
1	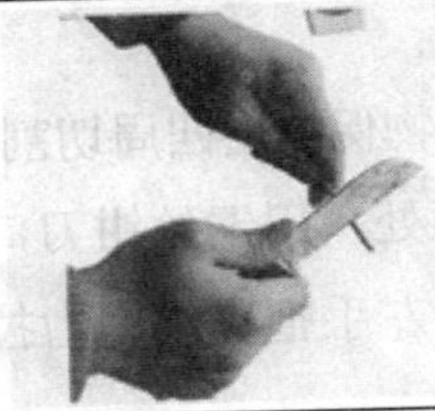	根据所需的长度用电工刀以倾斜 45°角切入塑料层
2		刀面与芯径保持 25°左右，用力向线端推削，但不可切入芯线，削去上面一层塑料绝缘层
3		将下面塑料绝缘层向后扳翻，然后用电工刀齐根切去

2）塑料软线绝缘层的剖削

塑料软线绝缘层只能刷剥线钳或钢丝刊剖削，不可用电工刀剖削，其剖削方法同塑料硬线绝缘层的剖削。

3）塑料护套线绝缘层的剖削

塑料护套线的绝缘层必须用电工刀来剖削，剖削方法见表 8-5。

表 8-5　剖削方法

步骤	图示	说明
1		按所需长度，用刀尖对准芯线缝隙划开护套层
2		向后扳翻护套，在距离护套层 6～10mm，用电工刀以倾斜 45°角切入绝缘层，用刀齐根切去。其他剖削方法同塑料硬线绝缘层的剖削

4）橡皮线绝缘层的剖削

橡皮线绝缘层外面有一层柔软的纤维保护层，其剖削方法如下：

（1）先把橡皮线纺织保护层用电工刀尖划开下一步与剖削护套线的护套层方法类同。

（2）用剖削塑料线绝缘层相同的方法剖去橡胶层。

（3）将松散的棉纱层集中到根部，用电工刀切去。

5）花线绝缘层的剖削

（1）在所需长度处用电工刀在棉纱纺织物保护层四周切割一周后拉去。

（2）距棉纱纺织物保护层末端 10 mm 处，用钢丝钳刀口切割橡胶绝缘层，不能损伤芯线。然后右手握住钳头，左手把花线用力拉开，钳口勒出橡胶绝缘层方法如图 8-2 所示。

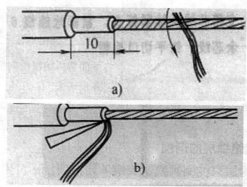

图 8-2　钳口勒出橡胶绝缘层方法

（3）最后把包裹芯线的棉纱层松散开来，用电工刀割去。

2. 铜芯导线的连接

当导线不够长或要分接支路时就要进行导线与导线的连接。常用导线的线芯有单股、7 股和 11 股等多种，连接方法随芯线的股数不同而异。

1）单股铜芯线的直线连接

基本操作步骤描述：剖削绝缘层→把两线头的芯线进行 x 形相交→扳直两线头→缠绕线头→钳平线头末端。

单股铜芯线的直线连接方法见表 8-6。

表 8-6　单股铜芯线的直线连接

步骤	图示	说明
1		绝缘剖削长度为芯线直径的 70 倍左右，并去掉氧化层；把两线头的芯线进行 X 形相交互相绞接 2~3 圈
2		扳直两线头
3		将每个线头在芯线上贴紧并缠绕 6 圈，用钢丝钳切除余下的芯线，并钳平芯线末端

2）单股铜芯线的 T 形分支连接

基本操作步骤描述：剖削绝缘层→把两线头十字相交→缠绕线头→钳平线头末端。

单股铜芯线的 T 形分支连接方法见表 8-7。

表 8-7　单股铜芯线的 T 形分支连接

步骤	图示	说明
1		将分支芯线的线头与干芯线十字相交，使支路芯线根部留出约 3~5mm，然后按顺时针方向缠绕 6~8 圈后用钢丝钳切去余下的芯线并钳平芯线末端
2		较小截面积芯线可按图示方法环绕成结状，然后再把支路芯线头抽紧扳直，紧密地缠绕 6~8 圈后剪去多余芯线，钳平切口毛刺

3）7 股铜芯导线的直线连接

基本操作步骤描述：剖削绝缘层→散开芯线→对叉伞形芯线头→分组缠绕线头→钳平线头末端。

7 股铜芯导线的直线连接方法见表 8-8。

表 8-8　7 股铜芯导线的直线连接

步骤	图示	说明
1	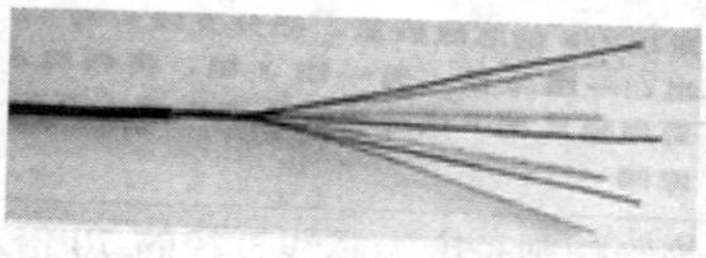	绝缘剖削长度应为导线的 21 倍左右。然后把剖去绝缘层的芯线散开并拉直把靠近根部的 1/线段的芯线绞紧然后把余下的 2/3 芯线头分散成伞形，并把每根芯线拉直
2	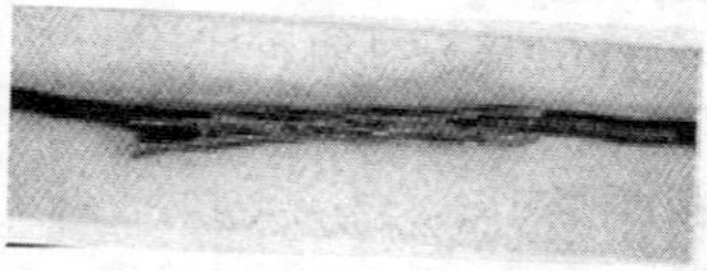	把两个伞形芯线头隔根对叉，并拉平两端芯线
3	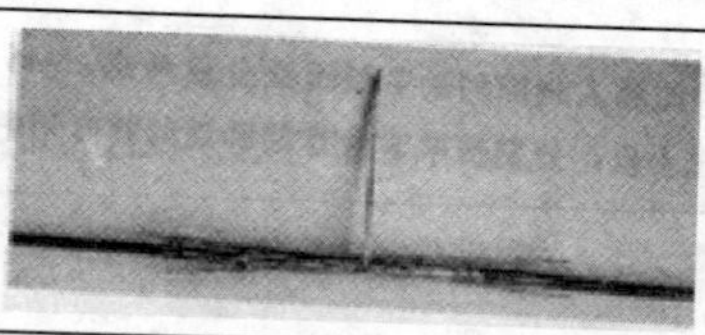	把一端 7 股芯线按 2、2、3 根分成三组，接着把第一组 2 根芯线扳起，垂直于芯线并按顺时针方向缠绕
4	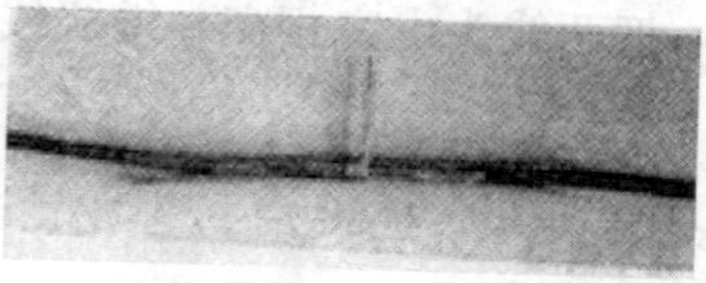	缠绕 2 圈后，余下的芯线向右扳直，再把下边第二组的 2 根芯线向上扳直按顺时针方向紧紧压着前 2 根扳直的芯线缠绕
5	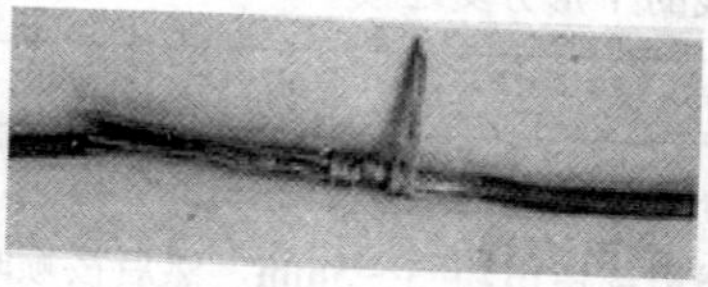	缠绕 2 圈后，将余下的芯线向右扳自，再把下边第三组的 3 根芯线向上扳直，按顺时针方向紧紧压着前 1 根扳直的芯线缠
6		缠绕 3 圈后切去，每组多余的芯钱，钳平线端，如图所示用同样的方法再缠绕另一端芯线

4）7 股铜芯导线的分支连接

基本操作步骤描述：剖削绝缘层→绞紧并把支线成排插入缝隙→缠绕线头→钳平线头末端。

7 股铜芯导线的分支连接步骤见表 8-9。

表 8-9　7 股铜芯导线的分支连接

步骤	图示	说明
1		把分支芯线散开钳直线端剖开长度为 *l*，接着把近绝缘层 *l*/8 的芯线绞紧，把分支线头的 7*l*/8 的芯线分成两组，一组 4 根另一组 3 根，将两组芯线分别排齐。然后用旋具把干线芯线撬分成两组，再把支线成排插入缝隙间
2		把插入缝隙间的 7 根线头分成两组一组 3 根，另一组 4 根，分别接顺时针方向和逆时针方向缠绕 3~4 圈
3		钳平线端

5）铜芯导线接头处的锡焊

（1）电烙铁锡焊 10mm² 及其以下的铜芯导线接头可使用 150W 电烙铁进行锡焊，锡焊前，接头上均须涂一层无酸焊锡膏，待烙铁烧热后，即司锡焊。

（2）浇焊 16mm 及其以上铜芯导线接头，应用浇焊法。浇焊时，首先将焊锡放在化锡锅内，用喷灯或电炉加热熔化，至其表面呈磷黄色，焊锡即达到高热。然后将导线接头放在锡锅上，用勺盛上熔化的锡，从接头上面浇下，直到全部焊牢为止。最后用抹布轻轻擦去焊渣，使接头表面光滑。

3. 铝芯导线的连接

由于铝极易氧化，且铝氧化膜的电阻率很高，所以铝芯导线不宜采用铜芯导线的方法进行连接。铝芯导线常采用螺钉压接法和压接管压接法连接。

1）螺钉压接法连接

螺钉压接法连接适用于负荷较小的单股铝芯导线的连接。

基本操作步骤:剥削绝缘层→缠绕线头→固定后旋紧螺钉→加装盒盖。

（1）把削去绝缘层的铝芯线线头用钢丝刷刷去表面的铝氧化膜，并涂上中性凡士林，如图8-3（a）所示。

（2）直线连接时.先把每根铝芯导线在接近线端处卷上2～3圈，以备线头断裂后再次连接用。

（3）把四个线头两两相对地插入两只接线瓷头（又称接线桥）的四个接线柱上。最后旋紧接线柱上的螺钉，如图8-3（b）所示。若要做分路连接时，要把支路导线的两个芯线头分别插入两个接线柱上，最后旋紧螺钉，如图8-3（c）所示。

（4）最后在瓷接头上加罩铁皮盒盖。

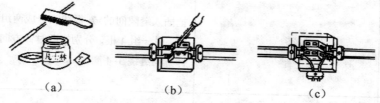

（a）　　　　　　　（b）　　　　　　　（c）

图8-3　螺钉压接法连接

如果连接处是在插座或熔断器附近，则不必用瓷接头，可用插座或熔断器上的接线柱进行连接，如图8-4所示。

图8-4　用插座或熔断器上的接线柱进行连接

2）压接管压接法连接

压接管压接法连接适用于较大负荷的多根铝芯导线的直线连接。手动压接钳和压接管（又称钳接管）如图8-5（a）、（b）所示。

基本操作步骤：选择压接管→清除铝氧化层→将导线穿入压接管→压接。

（1）据多股铝芯导线规格选择合适的铝压接管。

（2）用钢丝刷清除铝芯表面和压接管内壁的铝氧化层，涂上一层中性凡士林。

（3）把两根铝芯导线线端相对穿人压接管，并使线端穿出压接管25～30 mm，如图8-5（c）所示。

（4）然后进行压接，图 8-5（d）所示。压接时，第一道坑应在铝芯线端侧，不可压反，压接坑的距离和数量应符合技术要求。

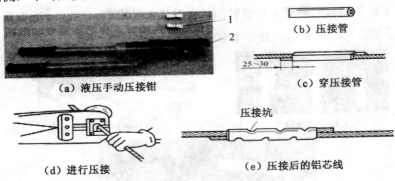

（a）液压手动压接钳　　（b）压接管

（c）穿压接管

（d）进行压接　　　　（e）压接后的铝芯线

图 8-5　压接钳和压接管

1-模口；2-液压手动压接钳口

4. 接头与接线柱的连接

在各种用电器或电气装置上，均有连接导线的接线柱。常用的接线柱有针孔式和螺钉平压式两种。

1）线头与针孔式接线柱头的连接

在针孔式接线柱头上接线时，如果单股芯线接线柱插线孔大小适宜，只要把芯线插入针孔，旋紧螺钉即可。如果单股芯线较细，则要把芯线双根插入针孔。如果是多根细丝的软线芯线，必须先绞紧，再插入针孔，切不可有细丝露在外面，以免发生短路事故。

2）线头与螺钉平压式接线柱柱头的连接

线头与螺钉平压式接线柱柱头连接时，如果是较小截面单股芯线，则必须把线头变羊眼圈，羊眼圈弯曲的方向应与螺钉拧紧的方向一致。较大截面单股芯线与螺钉平压式接线柱柱头连接时，线头须装上接头（接线耳），由接线耳与接线柱连接，如图 8-6 所示。

5. 导线绝缘层的恢复

导线绝缘层破损后必须恢复绝缘，导线连接后，也须恢复绝缘。恢复后的绝缘强度不应低于原来的绝缘层。通常用黄蜡带、涤纶薄膜带和黑胶布作为恢复绝缘层的材料，黄蜡带和黑胶布一般宽为 20mm 较适中，包扎也方便。

将黄蜡带从导线左边完整的绝缘层上开始包扎，包扎两圈带宽后方可进入无绝缘层的芯线部分，如图8-7（a）所示。包扎时黄蜡带与导线保持约55°的倾斜角，每圈压叠带宽的1/2，如图8-7（b）所示。

包扎1层黄蜡带后，将黑胶面接在黄蜡带的尾端，按另一斜叠方向包扎1层黑胶布，每圈也压叠带宽1/2，如图8-7（c）、图8-7（d）所示。

（a）铜铝过渡接头

（b）铅芯与接线耳压接

（c）导线与铜铝过渡接头连接

图8-6　线头须装接线耳

（a）包扎黄蜡带

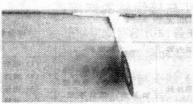

（b）包扎黄蜡带

（c）包扎黑胶布

（d）包扎黑胶布

图8-7　导线绝缘层的包扎方法

大师点睛

◇在380V线路上恢复导线绝缘时必须包扎1～2层黄蜡带，然后再包1层黑胶布。

◇在220V线路上恢复导线绝缘时，先包扎1～2层黄蜡带，然后再包1层黑胶布，或者只包2层黑胶布。

◇绝缘带包扎时各包层之间应紧密相接，不能稀疏，更不能露出芯线。

◇存放绝缘带时，不可放在温度很高的地方，也不可被油类侵入沾污。

任务 5 技能训练

1. 训练内容

（1）导线的直线与 T 形连接。

（2）恢复绝缘层。

2. 材料及工具准备

铜芯绝缘电线（BV-4mm²或自定）2m，BV-16mm²（7/1.7）塑料铜芯电线 2m，绝缘带 1 卷，黑胶布 1 卷，塑料胶带 1 卷，焊料、电烙铁及浇焊器具，电工通用工具 1 套，绝缘鞋工作服等。

3. 配分与评分标准（表 8-10）

表 8-10 评分标准

序号	主要内容	考核要求	评分标准	配分	扣分
1	导线连接	正确剖削导线，连接方法正确，导线缠绕紧密，切口平整，线芯不得损伤	（1）剖削绝缘导线方法不正确，扣 10 分 （2）缠绕方法不正确，扣 10 分 （3）密排并绕不紧有间隙，每处扣 5 分 （4）导线缠绕不整齐扣 10 分 （5）切口不平整，每处扣 10 分	60	
2	恢复绝缘	在导线连接处包缠两层绝缘带，方法正确，质量符合要求	（1）包缠方法不正确扣 20 分 （2）包缠质量达不到要求扣 20 分	40	
3	工时	120min	合计		
4	备注	不准超时	教师签字		年 月 日

4. 训练步骤

（1）剖削绝缘层。

（2）将导线进行直线连接与 T 形连接。

（3）浇焊。

（4）恢复绝缘层。

◇操作时，要严格按照操作规范进行。

◇烧焊时，要注意人身安全。

大师点睛

任务6　常见电工材料及其选用

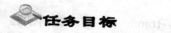
任务目标

● 掌握电工材料的分类和性能。

● 掌握常用电线电缆的选用。

常用电工材料分为四类：绝缘材料、导电材料、电热材料和磁性材料。

1. 绝缘材料

绝缘材料又名电介质，绝缘材料的主要作用是用来隔离不同电位的导体或导体与地之间的电流，使电流仅沿导体流通。在不同的电工产品中，根据需要不同，绝缘材料还起着不同的作用。

1）绝缘材料的性能、种类及型号

（1）绝缘材料的性能（表8-11）

表8-11　绝缘材料的主要性能

参数	主要性能
基础强度	绝缘材料在高于某一数值的电场强度的作用下，会被损坏而失去绝缘性能，这种现象称为击穿，绝缘材料击穿时的电场强度称为击穿强度，单位为kV/mm
绝缘电阻（泄露电流）	绝缘材料的电阻率虽然很高，但在一定的电压作用下，也可能有及其微弱的电流通过，这个电流称为"泄露电流"
耐热性	耐热性是指绝缘材料及其制品承受高温而不至损坏的能力
机械强度	根据各种绝缘材料的具体要求，相应规定抗张、抗压、抗弯、抗剪、抗撕、抗冲击等各项强度指标

另外，黏度、固体含量、酸值、干燥时间及焦化时间等也是其主要性能指标。各种不同的绝缘材料还有各种不同的性能指标.如渗透率、耐油性、伸长率、耐溶剂性和耐电弧性等。

（2）绝缘材料的分类

常用的绝缘材料一般分为气体绝缘材料、液体绝缘材料和固体绝缘材料三种：

①按耐热性分类绝缘材料的耐热性按其长期正常工作所允许的最高温度，可分为七个级别，见表 8-12。

表 8-12　耐热等级

等级代号	耐热等级	极限温度/℃	等级代号	耐热等级	极限温度/℃
0	Y 级	90	4	F 级	155
1	A 级	105	5	H 级	180
2	E 级	120	6	C 级	180
3	B 级	130			

②按应用或工艺特征分为六大类，见表 8-13。

表 8-13　应用或工艺特征

分类代号	材料类别	材料示例
1	漆、树脂和胶类	1030 纯酸漆、1052 硅有机漆等
2	浸渍纤维制品	2432 纯酸玻璃漆布等
3	层压制品类	3240 环氧酚醛层压玻璃布板、3640 环氧酚醛层压玻璃布管等
4	塑料类	4013 酚醛木粉压制塑料
5	云母制品类	5438-1 环氧玻璃粉云母带、5450 硅有机粉云母带
6	薄膜、粘带和复制品类	6020 聚酯薄膜、聚酰亚胺等

（3）绝缘材料的型号

绝缘材料产品按 JB 2177-77 规定的统一命名原则进行分类和型号编制。产品型号一般由四位数字组成，必要时可增加附加代号（数字或字母）。但尽量少用附加方式。第一位表示大类号，第二位表示在各大类中划分的小类号，第三位表示绝缘材料的耐热等级，用数字 1、2、3、4、5、6 来分别表示 A、E、B、F、H、C 六个等级。第四位代表产品顺序号。

2）常用绝缘材料

常用绝缘材料见 8-14 表。

表 8-14　常用绝缘材料

名称	种类及用途
绝缘漆	绝缘漆是以高分子聚合物为基础，能在一定条件下固话成绝缘硬模或绝缘整体的主要绝缘材料。绝缘漆主要以合成树脂或天然树脂为漆基溶剂、稀释剂、填料等组成。常用绝缘漆分为浸渍漆、覆盖漆、硅钢片漆三种
浸渍纤维制品	有浸渍纤维布、漆管和绑扎带三类，均由绝缘纤维材料为底材，浸以绝缘漆制成
电工层压制品	以有机纤维、无机纤维做底材，浸涂不同的胶粘挤，经热压或卷制而成的层状结构绝缘材料，可制成具有优良电气、机械性能和耐热、耐油、耐霉、耐电弧、防电晕等特性的制品。电工压制品分为层压板、层压管和棒、电容器套管芯三类，常用的层压制品有 3240 层压玻璃布板，3640 层压玻璃布管，和 3840 层压玻璃布棒，这三种制品适宜做机电的绝缘结构零件，都有很好的电气性能和机械性能，耐油、耐潮，加工方便
压塑料	常用的压塑料有两种：4012 酚醛木粉压塑料盒 4330 酚醛玻璃纤维压塑料，他们都具有很好的电气性能，尺寸稳定、机械强度高，适宜做点击电气的绝缘零件
云母制品	云母制品有：柔软云母板、塑料云母板、塑料云母板云母带、换向器云母板、衬垫云母板
薄膜	薄膜要求厚度薄、柔软，电气性能及机械强度高，绝缘薄膜由若干种高分子材料聚合而成，主要用作电机、电气线圈和电线电缆绕包绝缘以及作电容器介质。常用的有 6020 聚酯薄膜，适用于电动机的槽绝缘、相间绝缘，以及其他电工产品的绝缘
薄膜复合制品	复合薄膜制品要求电气性能好，机械强度高，常用的有 6530 聚酯薄膜绝缘纸复合箔及 6530 聚酯玻璃漆箔，使用与电动机的槽绝缘、相间绝缘，以及其他电工产品线圈的绝缘

2. 导电材料

普通导电材料是指专门用于传导电流的金属材料。铜和铝是合适的普通导电材料，它们的主要用途是用于制造电线电缆。电线电缆的定义为：用于传输电能信息和实现电磁能转换的线材产品。

1）导电材料的分类

电气设备用电线电缆的使用范围广、品种多。按产品的使用特点分为通用电线电缆、电动机电器用电线电缆、仪器仪表用电线电缆、地质勘探和采掘用电线电缆、交通运输用电线电缆、信号控制电线电缆和直流高压软电缆 7 类；维修电工常用的是前两类中的 6 个系列，见表 8-15。

表 8-15 维修电工常用系列

类别	系列名称	型号字母及含义
通用电线电缆	（1）橡皮、塑料绝缘导线 （2）橡皮、塑料绝缘软线 （3）通用橡套电缆	B—绝缘布线 R—软线 Y—移动电缆
电动机、电器用电线电缆	（1）电动机、电器用引接线 （2）电焊机用电缆 （3）潜水电动机用防水橡套电缆	J—电动机用引接线 YH—电焊机用的移动电缆 YHS—有防水橡套的移动电缆

2）常用导电材料

电气设备用电线电缆由导电线芯、绝缘层和护层所组成。常见的导电材料如下：

（1）B 系列橡胶、塑料电线

这种系列的电线结构简单，质量轻，价格低.电气和机械性能有较大的裕度，广泛应用于各种动力、配电和照明线路，并用于中小型电气设备作安装线。它们的交流工作电压为 500V，直流工作电压为 1000V。B 系列中常用的品种见表 8-16。

表 8-16 B 系列中常用的品种

产品名称	型号		长期最高工作温度/℃	用途
	铜芯	铝芯		
橡胶绝缘电线	BX	BLV	65	固定敷设于室内（明敷暗敷或穿管），可用于室外，也可作设备内部安装用线
氯丁橡胶绝缘电线	BXF	BLXF	65	同 BX 型。耐气候性能好，适用于室外
橡胶绝缘软电线	BXR		65	同 BX 型。但用于安装时要求柔软的场合
橡胶绝缘和护套电线	BXHF	BLXHF	65	同 HX 型。适用于较潮湿的场合和做室外进尸线，可化替老产品铅包电线

产品名称	型号		长期最高工作温度/℃	用途
	铜芯	铜芯		
聚氯乙烯绝缘电线	BV	BLV	65	同 HX 型且耐湿性和耐气候性较好
聚氯乙烯绝缘软导线	BVR		65	同 BX 型。仅用于安装时要求柔软的场合
聚氯乙烯绝缘和护套电线	BVV	BLVV	65	同 BX 型用于潮湿的机械防护要求较高的场合，可直接埋于土壤中
耐热聚氯乙烯绝缘电线	BV-105	BLV-105	105	同 BX 型。用于 45℃ 及以上高温环境中
耐热聚氯乙烯绝缘软电线	BVR-105		105	同 BX 型，用于 45℃ 及以上高温环境中

注："X"表示橡胶绝缘，"XF"表示氯丁橡胶绝缘，"HF"表示非燃性电缆，"V"表示聚氯乙烯绝缘电线，"VV"表示聚氯乙烯绝缘和护套，"105"表示耐热 105℃。

（2）R 系列橡胶、塑料软线

这种系列软线的线芯是用多根细铜线绞合而成，它除了具备 B 系列电线的特点外，还比较柔软大量用于家用电器、仪表及照明线路。R 系列中的常用品种见表 8-17。

表 8-17 R 系列中的常用品种

产品品种	型号	工作电压/V	长期最高工作温度/℃	用途及使用条件
聚氯乙烯绝缘软线	RV RVB RVS	交流 250 直流 500	65	供各种移动电源、仪表、电信设备、自动化装置接线用，也可作内部安装线，安装环境温度不低于—15℃
耐热聚氯乙烯绝缘软线	RV~105	交流 250 直流 500	105	同 BX 型，用于 45℃ 及以上高温环境中

续表

产品品种	型号	工作电压/V	长期最高工作温度/℃	用途及使用条件
聚氯乙烯绝缘和护套软线	RVV	交流 250 直流 500	65	同 BV 型，用于潮湿和防护要求较高以及经常移动、弯曲的场合
丁腈聚氯乙烯复合物绝缘软线	RFB RFS	交流 250 直流 500	70	同 RVB、RVS 型，且低温柔软性较好
棉纱编织橡胶绝缘双绞软线、棉纱编织橡胶绝缘软线	RXS RX	交流 250 直流 500	65	室内家用电器、照明用电源线
棉纱编织橡胶绝缘平型软线	RXB	交流 250 直流 500	65	室内家用电器、照明用电源线

（3）Y 系列通用橡套电缆

这种系列的电缆适用于一般场合，作为各种电气设备、电动工具、仪器和家用电器的移动电源线，所以称为移动电缆。按其承受机械力分为轻、中、重三种形式。Y 系列中常用的品种见表 8-18。

表 8-18　Y 系列中常用的品种

产品名称	型号	交流工作电压/V	特点和用途
轻型橡套电缆	YQ	250	轻型移动设备和家用电气电源线
	YQW		轻型移动设备和家用电气电源线，且具有耐气候和一定的耐油性能
中型橡套电缆	YZ	500	各种移动电气设备和农用机械设备电源线
	YZW		各种移动电气设备和农用机械设备电源线，且具有耐气候和一定的耐油性能
重型橡套电缆	YG	500	同 YZ 型，能承受一定的机械外力作用
	YCW		同 YZ 型，能承受一定的机械外力作用，且具有一定的耐油性能

3. 电热材料

电热材料是用来制造各种电阻加热设备中的发热元件，作为电阻接到电路中，把电能转变为热能，使加热设备的温度升高。对电热材料的基本要求是电阻率高，加工性能好，在高温时具有足够的机械强度和良好的抗氧化能力。常用的电热材料是镍铬合金和铁铬铝合金，其品种、工作温度、特点和用途见表 8-19。

表 8-19　常用的电热材料

品种		工作温度/℃		特点和用途
		常用	最高	
镍铬合金	Gr20Ni80	1000~1050	1150	电阻率高，加工性能好，高温时机械强度较好，用后不变脆，适用于移动设备
	Gr20Ni80	900~950	1050	
铁铬铝合金	Gr20Ni80	900~950	1100	抗干扰性能比镍铬合金好，电阻率比镍铬合金高，价格较便宜，但高温时机械强度较差，用后会变脆，适用于固定设备
	Gr20Ni80	1050~1200	1300	
	Gr20Ni80	1050~1200	1300	
	Gr20Ni80	1200~1300	1400	

4. 电工导电材料的选用

1）导线的正确选用

（1）导线线芯材料的选择作为线芯的金属材料，必须具备的特点是：电阻率较低；有足够的机械强度；在一般情况下有较好的耐腐蚀性；容易进行各种形式的机械加工，价格较便宜。铜和铝基本符合这些特点，因此铜和铝常作为导线的线芯。铜导线的电阻率比铝导线小，焊接性能和机械性能比铝导线好，常用于要求较高的场合，铝导线密度比铜导线小，价格相对低廉，目前，铝导线的使用较为普遍。

（2）导线截面的选择

①根据导线发热条件选择导线截面电线电缆的允许载流量是指在不超过它们最高工作温度的条件下，允许长期通过的最大电流值，又称为安全载流量。这是电线电缆的一个重要参数。

单根 RV、RVB、RVS、RVV 和 BLVV 型电线在空气中敷设时的载流量（环境温度为 25℃），见表 8-20。

②根据线路的机械强度选择导线截面导线安装后和运行中，要受到外力的影响，导线本身自重和不同的敷设方式使导线受到不同的张力，如果导线不能承受张力作用，会造成断线事故。在选择导线时，必须考虑导线

截面。

表 8-20　导线截面

标称截面积 /mm²	长期连续负荷允许载流量/A			
	一芯		二芯	
	铜芯	铝芯	铜芯	铝芯
0.3	9	—	7	—
0.4	11	—	8.5	—
0.5	12.5	—	9.5	—
0.75	16	—	12.5	—
1.0	19	—	15	—
1.5	24	—	19	—
2.0	28	—	22	—
2.5	32	25	26	20
4	42	34	36	26
6	55	43	47	33
10	75	59	65	51

③根据电压损失条件选择导线截面

●住宅用户，由变压器低压侧至线路末端，电压损失应小于 6%。

●电动机在正常情况下，电动机端电压与额定电压不得相差士 5%。

◇根据以上条件选择导线截面的结果，在同样负载条件下可能得出不同截面的数据。此时，应选择其中最大的截面。

◇导线截面还要与线路中装设的熔断器相适应。

大师点睛

2）熔体的选择

常用的熔体是铅锡合金，它的特点是熔点低。熔体是低压熔断器最主要的零件。将熔体串联在线路中，当电流超过允许值时熔体首先被熔断而切断电源，因此起保护其他电气设备的作用。熔体通常制作成片状和丝状。正确、合理的选择熔体，对保证线路和电气设备的安全运行关系很大。熔体选择的原则是：

第一，当电流超过设备正常值一定时间后，熔体应熔断；

第二，在电气设备正常短时过电流时（如电动机启动等）熔体不应熔断。

熔体选择的方法困线路不同而有所差异。熔体选择的方法见表 8-21。

表 8-21　熔体选择的方法

对象	选择方法
照明及电路设备线路	（1）在线路上总熔体的额定电流等于电能表额定电流的 0.9~1 倍 （2）在支路上熔体的额定电流等于支路上所有负载额定电流之和的 1~1.1 倍
交流电焊机线路	单台交流电焊机线路上的熔体可用下列渐变方法估算： （1）电源电压为 220V 时，熔体的额定电流等于电焊机功率（kW）数值的 6 倍 （2）电源电压超过 380V 时，熔体的额定电流等于电焊机功率（kW）数值的 4 倍
交流电动机线路	（1）单台交流电动机线路上熔体的额定电流等于该电动机额定电流的 105~2.5 倍 （2）多台电动机线路上的额定电流等于线路上功率最大的一台电动机额定电流的 1.5~2.5 倍，再加上其他电动机额定功率的总和

项目 2　照明装置的安装

项目目标

1.知识目标

●掌握常用照明灯具、开关及插座的安装原则和要求。

●掌握常用照明灯具、开关及插座的安装方法和步骤。

●熟悉常用照明灯具的工作原理与故障排除方法。

2.能力目标

●能够熟练的掌握照明电路的安装方法和步骤。

项目描述

电气照明在工农业生产和日常生活中占有重要地位，照明装置由电光源、灯具、开关和控制电路等部分组成。用于照明的电光源，按其发光原理，分为热辐射光源和气体放电光源两大类。热辐射光源是利用物体受热温度升高时辐射发光的原理制造的光源，如白炽灯、卤钨灯（碘钨灯和碘钨灯）等。气体放电光源是利用气体放电时发光的原理制造的光源，如荧光灯、高压汞灯、高压钠灯、金属卤化物灯和氙灯等。常用的照明灯具主要有白炽灯和荧光灯两大类。

任务 1　照明灯具安装的一般要求

　　照明灯具接其配线方式、厂房结构、环境条件及对照明的要求不同而有吸顶式、壁式、嵌入式和悬吊式等几种方式，不论采用何种方式，都必须遵守以下各项基本原则：

　　（1）灯具安装的高度，室外一般不低于 3m，室内一般不低于 2.5m。如遇特殊情况不能满足要求时，可采取相应的保护措施或改用安全电压供电。

　　（2）灯具安装应牢固灯具质量超过 1kg 时，必须固定在预埋的吊钩上。

　　（3）灯具固定时，不应该因灯具自重而使导线受力。

　　（4）灯架及管内不允许有接头。

　　（5）导线的分支及连接处应便于检查。

　　（6）导线在引入灯具处应有绝缘物保护，以免磨损导线的绝缘也不应使其受到应力。

　　（7）必须接地或接零的灯具外壳应有专门的接地螺栓和标志，并和地线（零线）良好连接。

　　（8）室内照明开关般安装在门边便于操作的位置拉线开关一般应离地 2～3m，暗装翘板开关一般离地 1.3m，与门框的距离一般为 150～200mm。

　　（9）明装插座的安装高度一般应离地 1.4m；暗装插座一般应离地 300mm。同一场所暗装的插座高度应一致，其高度相差一般应不大于 5mm；多个插座成排安装时，其高度差应不大于 2mm。

任务2　白炽灯照明线路的安装与维修

1.白炽灯灯具

白炽灯是利用电流的热效应将灯丝加热而发光的。白炽灯的结构简单，使用可靠，价格低廉，装修方便。灯泡主要由灯丝、玻璃壳和灯头三部分组成如图 8-8 所示。白炽灯灯泡的规格很多，按其工作电压分，有 6V、12V、24V、3 6V、110V 和 220V 等六种，其中 3 6V 以下的属于低压安全灯泡。灯泡的灯头有卡口式和螺口式两种，功率超过 300W 的灯泡一般采用螺口式灯头，因为螺口式灯头在电接触和散热方面，都要比卡口式灯头好得多。

图 8-8　白炽灯具

2.白炽灯照明线路的安装

基本操作步骤描述：确定安装方案→检查元器件→布线→安装灯座→安装开关→安装插座→通电试验。

1）根据安装要求，确定安装方案（如护套线、槽板配线、瓷夹配线），准备好所需材料

2）检查元器件，如灯泡、灯头、开关及插座等

3）按照布线工艺，定位后布线

4）灯座的安装

灯座有螺口和卡口两种样式，根据安装形式不同又分为平灯座和吊灯座，如图 8-9 所示。

图 8-9　灯座的安装

（1）平灯座的安装

平灯座的安装见表 8-22 所示。

表 8-22　平灯座的安装

步骤	图示	操作步骤
1	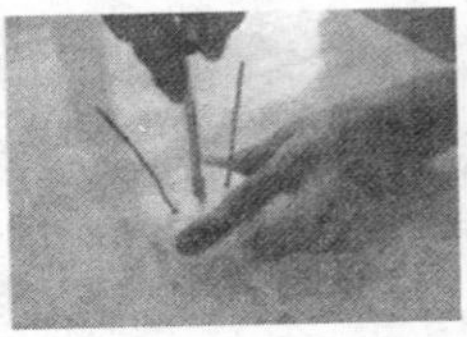	1）将圆木按灯座穿线孔的位置钻孔船 mm，并将圆木边缘开出缺（位置为护套线进入处缺口大小为护套线的护套尺寸） 2）剥去进入圆木护套钱的护套层 3）将导线穿出圆木的穿线孔，穿出孔后的导线长度一般为 50mm 根据圆木固定孔的位置，用木螺钉将圆木固定在原先做好记号的位置上或预先打入的木榫上）
2	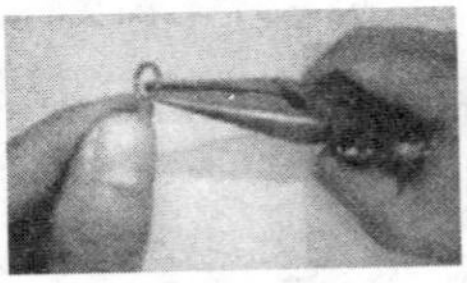	将开关线接入平灯座的中心柱头上，用剥线钳剥去导线的绝缘层（约 15 mm），用尖嘴钳将线芯扳成 90°，再钳住线芯顺时针方向打圈
3	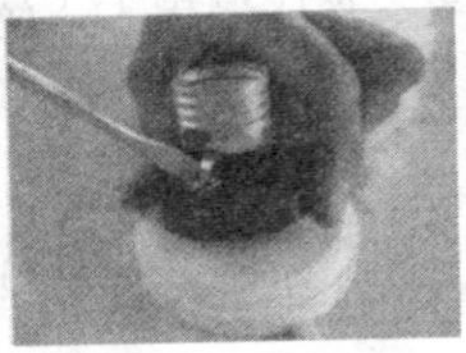	零线接入螺口平灯座与螺纹连接的接线柱柱头上
4		用木螺钉将灯座固定在圆木上

（2）吊灯座的安装

吊灯座必须用两根绞台的塑料软线或花线作为与挂线盒的连接线，两端均应将线头绝缘层削去，将上端塑料软线穿入挂线盒盖孔内打个结，使其能承受吊灯的质量。然后把软线上端两个线头分别穿入挂线盒底座正凸起部分的两个侧孔里，再分别接到两个接线柱上，罩上挂线盒盖。接着将下端塑料软线穿入吊灯座盖孔内打一个结，把两个线头接到吊灯座上的两个接线柱上，罩上挂线盒盖，再将下端塑料软线穿入吊灯座盖孔内打一个结，把两个线头接到吊灯座上的两个接线柱上，罩上吊灯座盖子即可。其安装示意图如图 8-10 所示。

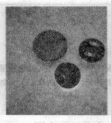  

（a）圆术、吊线盒　　（b）安装吊线盘座　　（c）吊线盒接线

图 8-10　吊灯安装示意

5）开关的安装

开关有明装和暗装之分。暗装开关一般在土建工程施工过程后安装，如图 8-11 所示。明装开关一般安装在术台上或直接安装在墙壁上（盒装）。

图 8-11　安装开关外形

（1）单联开关的安装

①在木台上安装拉线开关。先在墙上准备装开关的地方安装木榫，将一根相线和另一根开关线穿过木台两孔，并将木台固定在墙上，再将两根导线穿进开关两孔眼，接着固定开关进行接线，装上开关盖子即可。其安装示意图如图 8-12 所示。

（a）圆木拉线开关座　　　　（b）固定圆木　　　　（c）安装开关座

图 8-12　单联开关安装示意

②盒装开关的安装。盒装开关的安装见表 8-23。

表 8-23　盒装开关的安装

步骤	图示	操作步骤
1		做好记号，固定开关盒。根据开关盒固定孔的位置用旋具将木螺钉旋入，使开关靠固定在原先做好记号的位置上如果是砖墙应先打好木榫
2		按电路图将导线接在开关的接线柱头上
3		零线在开关盒内对接，将两根导线的绝缘层剥去20mm，用钢丝钳将两铜芯线相互缠绕

　　最后要用绝缘胶布采用半叠包的形式进行绝缘的恢复处理，应包裹两层绝缘胶布。潮湿场所应先用塑料包布包裹两层后，再用黑胶布包裹两层。

（2）双联开关的安装

双联开关一般用于两处控制一只灯的线路，双联开关控制一只灯的线路安装方法如图 8-13 所示。两只双联开关中连铜片的柱头不能接错，双并开关控制一只灯的接线电路。

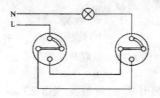

图 8-13　双联开关的安装

6）插座的安装

插座根据电源电压的不同可分为三相（即四孔）插座和单相（即三孔或二孔）插座，根据安装形式的不同又可分为明装式和暗装式两种，插座外形如图 8-14 所示。单相三孔插座安装的方法如图 8-15（a）所示。

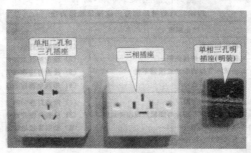

图 8-14　插座的外形图

根据单相插座的接线原则，即"左零右相上接地"，将导线分别接入插座的接线柱内。这里应注意接地线的颜色，根据标准规定接地线应是黄绿双色线。

7）通电检验

（1）检查电路是否正常。方法如下：用万用表电阻 R×1 挡，将两表棒分别置于两个熔断器的出线端（下柱头）上进行检测。

（2）在线路正常情况下接通电源，扳动开关检查灯泡控制情况。在线路正常的情况下，接上电源后，合上开关灯亮，断开开关灯灭。

（3）三孔插座的检查。将万用表置于交流 250V 挡，两表棒分别插入相线与零线两孔内，如图 8-15（b）所示。

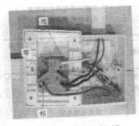

(a) 单相三孔插座的接线　　　　　(b) 通电检验

图 8-15　插座安装

万用表应显示 220V，再将零线一端的表棒插入接地孔内，同样应显示220V。

3. 白炽灯照明电路的维修

照明线路在运行中会因为各种原因而出现故障，如线路老化、电气元件故障（开关、灯座、灯泡、插座）等。

基本操作步骤描述：了解故障现象→故障现象分析→检修。

1）了解故障现象

在维修时首先应了解故障现象，这是保证整个维修工作能否顺利进行的前提。了解故障现象可通过询问当事人、观察故障现场等手段获取。

2）故障现象分析

根据故障现象，利用电路图及布置图进行分析，确定可能造成故障的大致范围为检修提供方案。

3）检修

通过检测手段，如用验电器、万用表等工具检测确定故障点，针对故障元件或线路进行维修或更换。

白炽灯照明电路的常见故障及检修方法见表 8-24。

表 8-24　白炽灯照明电路的常见故障及检修方法

故障现象	产生原因	检修方法
灯泡不亮	（1）灯泡钨丝烧断 （2）电源熔断器的熔丝烧断 （3）灯座会开关接线松动或接触不良 （4）线路中有短路故障	（1）调换新灯泡 （2）检查熔丝烧断原因并更换同规格熔丝 （3）检查灯座和开关的接线并修复 （4）用验电器检查线路的断路处并修复

故障现象	产生原因	检修方法
开关和尚后熔断器熔丝熔断	(1) 灯座内两线头短路 (2) 螺口灯座内中心铜片与螺旋铜圈相碰短路 (3) 线路中发生短路 (4) 电气元器件发生短路 (5) 用电量超过熔丝容量	(1) 检查灯座内两线头并修复 (2) 检查灯座并板中心铜片 (3) 检查导线绝缘是否老化或损坏并修复 (4) 检查电气元件并修复 (5) 减小负数或更换熔断器
灯泡忽亮忽灭	(1) 灯丝烧断，但受振动后忽接忽离 (2) 灯座或开关接线松动 (3) 熔断器熔丝接触不良 (4) 电源电压不稳	(1) 更换灯泡 (2) 检查灯座和开关并修复 (3) 检查熔断器并修复 (4) 检查电源电压
灯泡发强烈白光，并瞬时或短时烧毁	(1) 灯泡额定电压低于电源电压 (2) 灯泡钨丝有搭丝，从而使电阻减小，电流增大	(1) 更换与电源电压想符合的灯泡 (2) 更换新灯泡
灯光暗淡	(1) 灯泡内钨丝挥发后集聚在玻璃壳内，表面通光度降低，同时由于钨丝挥发后变质，电阻增大，电流减小，光通量减小 (2) 电源电压过低 (3) 线路因老化或绝缘损坏有漏电现象	(1) 正常现象，不必修理 (2) 提高电源电压 (3) 检查线路更换导线

任务 3 技能训练

1. 训练内容

在配线板上用塑料槽板装接两地控制一只白炽灯并有一个插座的线路，然后试灯。

2. 工具、仪器仪表及材料

绝缘电线（根据灯的功率自定）15m 塑料槽板（自定）5m，塑料槽板配套分接盒（自定）2 个，铁钉（塑料槽板固定用钉）30 个，拉线开关（两地控制用）2 只，白炽灯及灯座（～220V，40W，螺口）1 套，单相三极插座（-250V、15A）1 套，配线板 500mm×（600～2000mm）×25mm 1 块，万用表 1 只，电工工具套。

3. 评分标准（表 8-25）

表 8-25　评分标准

序号	主要内容	评分标准	配分	扣分	得分
1	线路的安装	（1）元件布置不合理扣 10 分 （2）木台灯座开关、插座和吊线盒等安装松动，每处扣 5 分 （3）电气元件损坏，每日扣 10 分 （4）相线未进开关扣 5 分 （5）塑料槽扳不平直，每根扣 5 分 （6）线芯剖削有损伤，每处扣 5 分 （7）塑料槽板转角不符合要求每处扣 5 分 （8）管卡安装不符合要求，每处扣 1	70		
2	通电试验	安装线路错误，造成短路、断路故障，每多通电一次扣 10 分，扣完 20 分为止	20		
3	安全文明生产	违反操作规程扣 10 分	10		
4	工时：100min	不准超时	合计	100		
5	备注		教师签字	年　月　日		

4. 训练步骤

（1）根据实际安装位置条件，设计并绘制安装电路图，如图 8-16 所示。

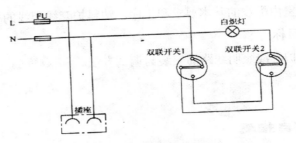

图 8-16　槽板配线电路图

（2）依照实际的安装位置，确定两地开关、插座及白炽灯的安装位置并做好标记。

（3）定位划线。按照已确定好的开关及插座等的位置，进行定位划线，操作时要依据横平竖直的原则。

（4）截取塑料槽板。根据实际划线的位置及尺寸，量取并切割塑料槽板.切记要做好每段槽板的相对位置标记，以免混乱。

（5）打孔并固定。可先在每段槽板上间隔9cm左右的距离钻4mm的排孔（两头处均应钻孔），按每段相对放置位置，把槽板置于划线位置，用划针穿过排孔，在定位划线处和原划线垂直划一"+"字作为木榫的底孔圆心，然后在每一圆心处均打孔，并镶嵌木榫。

（6）固定槽板。把相对应的每段槽板用木螺钉固定在墙和天花板上，在拐弯处应选用合适的接头或弯角。

（7）装接开关和插座。把开关和插座分别接线固定在事先准备好的圆木上。把灯座接线并固定在灯头盒上。

（8）链接白炽灯并通电试灯，用万用表或兆欧表检测线路绝缘和通断状况，确保无误后，接入电源，合闸试灯。

项目 3 室内配电、照明线路的安装

项目目标

1.知识目标

●了解室内配线的基本要求和工序，塑料护套线配线的要求。

2.能力目标

●掌握护套线照明线路的安装与调试方法。

项目描述

介绍了室内配线的基本知识、总熔断器盒的安装、电流互感器的安装、单相电度表的安装、电度表的安装要求、护套线照明线路板的安装与调试，

最后对项目进行评价。

1. 室内配线的基本知识

1）室内配线的基本要求和工序

（1）室内配线的基本要求

室内配线不仅要求安全可靠，而且要求线路布局合理、整齐、牢固。

①配线时要求导线额定电压应大于线路的工作电压，导线绝缘状况应符合线路安装方式和环境敷设条件，导线截面应满足供电负荷和机械强度要求。

②接头的质量是造成线路故障和事故的主要因素之一，所以配线时应尽量减少导线接头。在导线的连接和分支处，应避免受到机械力的作用。穿管导线和槽板配线中间不允许有接头，必要时可采用接线盒（如线管较长）或分线盒（如线路分支）。

③明线敷设要保持水平和垂直。敷设时，导线与地面的最小距离应符合规定，否则应穿管保护，以利安全和防止受机械损伤。配线位置应便于检查和维护。

④绝缘导线穿越楼板时，应将导线穿入钢管或硬塑料管内保护。保护管上端口距地面不应小于 1.8m，下端口到楼板下为止。

⑤导线穿墙时，也应加装保护管（瓷管、塑料管、竹管或钢管）。保护管伸出墙面的长度不应小于 10mm，并保持一定的倾斜度。

⑥导线通过建筑物的伸缩缝或沉降缝时，敷设导线应稍有余量。敷设线管时，应装设补偿装置。

⑦导线相互交叉时，为避免相互碰触，应在每根导线上加套绝缘管，并将套管在导线上固定牢靠。

⑧为确保安全，室内外电气管线和配电设备与各种管道间以及与建筑物、地面间的最小允许距离应满足一定要求。

（2）室内配线的工序

室内配线主要包括以下工作内容：

①首先熟悉设计施工图，做好预留预埋工作（其主要内容有：电源引入方式的预留预埋位置；电源引入配电箱的路径；垂直引上、引下以及水平穿越梁、柱、墙等的位置和预埋保护管）。

②按设计施工图确定灯具、插座、开关、配电箱及电气设备的准确位

置，并沿建筑物确定导线敷设的路径。

③在土建粉刷前，将配线中所有的固定点打好眼孔，将预埋件埋齐，并检查有无遗漏和错位。

④装设绝缘支撑物、线夹或线管及开关箱、盒。

⑤敷设导线。

⑥连接导线。

⑦将导线出线端与电器元件及设备连接。

⑧检验工程是否符合设计和安装工艺要求。

2）塑料护套线配线

塑料护套线是一种具有塑料护套层的双芯或多芯绝缘导线，可直接敷设在空心板、墙壁等物体表面上，用铝片线卡（或塑料线卡）作为导线的支撑物。

（1）塑料护套线配线的方法

①划线定位。按照线路的走向、电器的安装位置，用弹线袋划线，并按护套线的安装要求每隔 150~300mm 划出铝片线卡的位置，靠近开关插座和灯具等处均需设置铝片线卡。

②凿眼并安装圆木。錾打线路中的圆木孔，并安装好所有的圆木。

③固定铝片线卡。按固定的方式不同，铝片线卡的形状有用小钉固定和用粘合剂固定两种。在木结构上，可用铁钉固定铝片线卡；在抹灰浆的墙上，每隔 4~5 挡，进入木台和转弯处需用小铁钉在圆木上固定铝片线卡，其余的可用小铁钉直接将铝片线卡钉入灰浆中，在砖墙和混凝土墙上可用圆木或环氧树脂粘合剂固定铝片线卡。

④敷设导线。勒直导线，将护套线依次夹入铝片线卡。

⑤铝片线卡的夹持。护套线均置于铝片线卡的钉孔位后，即可按如图 8-17 所示的方法将铝片线卡收紧夹持护套线。

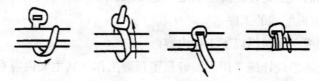

图 8-17　铝片线卡夹住护套线操作

（2）塑料护套线配线的要求

塑料护套线配线要求如下：

①护套线的接头应在开关、灯头盒和插座等外，必要时可装接线盒，使其整齐美观。

②导线穿墙和楼板时，应穿保护管，其凸出墙面距离约为3~10mm。

③与各种管道紧贴交叉时，应加装保护套。

④当护套线暗设在空心楼板孔内时，应将板孔内清除干净、中间不允许有接头。

⑤塑料护套线转弯时，转弯角度要大，以免损伤导线，转弯前后应各用一个铝片线卡夹住，如图8-18（a）所示。

⑥塑料护套线进入木台前应安装一个铝片线卡，如图8-18（b）所示。

⑦两根护套线相互交叉时，交叉处要用四个铝片线卡夹住，如图8-18（c）所示。护套线应尽量避免交叉。

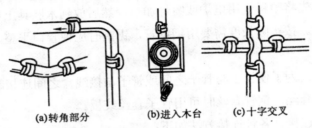

(a)转角部分　　　(b)进入木台　　　(c)十字交叉

图 8-18　塑料护套线配线要求

⑧护套线路的离地最小距离不得小于 0.15m，在穿越楼板及离地低于0.15m 的一段护套线，应加电线管保护。

3）线管配线

把绝缘导线穿在管内配线称为线管配线。线管配线有明配和暗配两种：明配是把线管敷设在墙上以及其他明露处，要配置得横平竖直，要求管距短，弯头小；暗配是将线管置于墙等建筑物内部，线管较长。

（1）线管配线的方法

线管配线的方法有如下几种：

①线管选择。根据敷设的场所来选择敷设线管类型，如潮湿和有腐蚀气体的场所采用管壁较厚的白铁管；干燥场所采用管壁较薄的电线管；腐蚀性较大的场所采用硬塑料管。

根据穿管导线截面和根数来选择线管的管径。一般要求穿管导线的总截面（包括绝缘层）不应超过线管内径截面的40%。

②落料。落料前应检查线管质量，有裂缝，凹陷及管内有杂物的线管均不能使用。按两个接线盒之间为一个线段，根据线路弯曲转角情况来决定用几根线管接成一个线段，并确定弯曲部位。一个线段内应尽可能减少管口的连接接口。

③弯管。弯管方法如下：

●为便于线管穿线，管子的弯曲角度一般不应大于90°。明管敷设时，管子的曲率半径 R≥4d；暗管敷设时，管子的曲率半径 R≥6d。

●直径在 50mm 以下的线管，可用弯管器进行弯曲。在弯曲时，要逐渐移动弯管器棒，且一次弯曲的弧度不可过大，否则要弯裂或弯瘪线管。凡管壁较薄且直径较大的线管，弯曲时管内要灌满沙，否则要把钢管弯瘪。如果加热弯曲，要用干燥无水分的沙灌满，并在管两端塞上木塞。弯曲硬塑料管时，先将塑料管用电炉或喷灯加热，然后放到木胚具上弯曲成型。

④锯管。按实际长度需要用钢锯管，锯割时应使管口平整，并要锉去毛刺和锋口。

⑤套丝。为了使管子与管子之间或管子与接线盒之间连接起来，就需在管子端部套丝，钢管套丝时可用管子套丝绞板。

⑥线管连接。各种连接方法如下：

●钢管与钢管连接。钢管与钢管之间的连接，无论是明配管线或暗配管线，最好采用管箍连接（尤其对埋地线管和防爆线管）。为了保证管接口的严密性，管子的丝扣部分应顺螺纹方向缠上麻丝，并在麻丝上涂上一层白漆，再用管箍拧紧，使两管端部吻合。

●钢管与接线盒的连接。钢管的端部与各种接线盒连接时，应采用在接线盒内外各用一个薄形螺母（又纳子或锁紧螺母）来夹紧线管的方法，如图 8-19 所示。

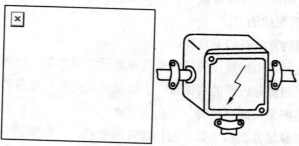

图 8-19　钢管与接线盒的连接方法

●硬塑料管之间的连接。硬塑料管的连接分为插入法连接和套接法连接。

插入法连接：连接前先将待连接的两根管子的管口分别做内倒角和外倒角，然后用汽油或酒精把管子的插接段的油污和杂物擦干净，接着将一个管子插接段放在电炉或喷灯上加热至 145℃左右，呈柔软状态后，将另一个管子插入部分涂一层胶合剂（过氧乙烯胶）后迅速插入柔软段，立即用湿布冷却，使管子恢复原来的硬度。

套接法连接：连接前先将同径的硬塑料管加热扩大成套管，然后把需要连接的两管端倒角，用汽油或酒精擦干净，待汽油挥发后，涂上胶合剂，迅速插入热套管中。

⑦线管的接地。线管配线的钢管必须可靠接地。为此，在钢管与钢管、钢管与配电箱及接线盒等连接处用直径（6～10）mm 圆钢制成的跨接线连接，并在线的始末端和分支线管上分别与接地体可靠连接，使线路所有线管都可靠接地。

⑧线管的固定。线管明线敷设时应采用管卡支持，线管进入开关、灯头、插座、接线盒孔前 300mm 处，以及线管弯头两边均需用管卡固定。管卡均应安装在木结构或圆木上。

线管在砖墙内暗线敷设时，一般在土建砌砖时预埋，否则应先在砖墙上留槽或开槽，然后在砖缝里打入圆木并钉钉子，再用铁丝将线管绑扎在钉子上，进一步将钉子钉入。

线管在混凝土内暗线敷设时，可用铁丝将管子绑扎在钢筋上，也可用钉子钉在模板上，将管子用垫块垫高 15mm 以上，使管子与混凝土模板间保持足够的距离，并防止浇灌混凝土时管子脱开。

⑨扫管穿线。穿线前先清扫线管，用压缩空气或用在钢线上绑扎擦布的办法，将管内杂物和水分清除。穿线的方法如下：

选用直径 1.2mm 的钢线做引线。当线管较短且弯头较少时，可把钢丝引线直接由管子的一端送向另一端。如果线管较长或弯头较多，将钢丝引线从一端穿入管子的另一端有困难时，可以从管的两端同时穿入钢丝引线，引线端弯成小钩。当钢丝引线在管中相遇时，用手转动引线使其钩在一起，然后把一根引线拉出，即可将导线牵引入管。

导线穿入线管前，线管口应先套上护圈，接着按线管长度，加上两端连接所需的长度余量截取导线，剥离导线两端的绝缘层，并同时在两端头标有同一根导线的记号。再将所有导线和钢丝引线缠绕。穿线时，一个人将导线理顺往管内送，另一个人在另一端抽拉钢丝引线，这样便可将导线穿入线管。

（2）线管配线的要求

线管配线的要求如下：

①穿管导线的绝缘强度应不低于 500V，规定导线最小截面，铜芯线为 $1mm^2$，铝芯线为 $2.5mm^2$。

②线管内导线不准有接头，也不准穿入绝缘破损后经过包缠恢复绝缘的导线。

③管内导线不得超过 10 根，不同电压或进入不同电能表的导线不得穿在同一根线管内，但一台电动机内包括控制和信号回路的所有导线及同一台设备的多台电动机线路，允许穿在同一根线管内。

④除直流回路导线和接地导线外，不得在钢管内穿单根导线。

⑤线管转弯时，应采用弯曲线管的方法，不宜采用制成品的月亮弯，以免造成管口连接处过多。

⑥线管线路应尽可能少转角或弯曲，因转角越多，穿线越困难。

⑦在混凝土内暗线敷设的线管，必须使用壁厚为 3mm 的电线管。当电线管的外径超过混凝土厚度约 1/3 时，不准将电线管埋在混凝土内，以免影响混凝土的强度。

4）白炽灯的安装与维修

白炽灯结构简单，使用可靠，价格低廉，其电路便于安装和维修，应用十分广泛。

（1）灯具的选用

有关灯具的选用注意以下几个方面：

①灯泡。在灯泡颈状端头上有灯丝的两个引出线端，电源由此通入灯泡内的灯丝。灯丝出线端的构造，分为插口（也称卡口）和螺口两种。

②灯座。灯座可称为灯头，其品种较多。常用的灯座如图 8-20 所示，可按使用场所进行选择。

③开关。开关的品种也很多，常用的开关如图 8-21 所示。按应用结构，它又可分为单联开关和双联开关。近几年出现的明装、暗装开关，市面机

电商场都有，可根据需要选用。

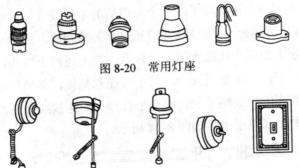

图 8-20　常用灯座

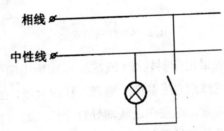

图 8-21　常用开关

（2）白炽灯照明线路原理图

白炽灯照明线路原理图有如下两种：

①单联开关控制白炽灯。它是由一只单联开关控制一只白炽灯，其接线原理如图 8-22 所示。

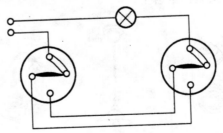

图 8-22　单联开关控制白炽灯接线原理图

②双联开关控制白炽灯。它是由两只双联开关来控制一只白炽灯，其接线原理如图 8-23 所示。

图 8-23　双联开关控制白炽灯接线原理图

（3）白炽灯照明线路的安装

白炽灯照明线路的安装注意如下两方面：

（1）灯座的安装

①灯座上的两个接线端子，一个与电源的中性线（俗称地线）连接，另一个与来自开关的一根连接线（即通过开关的相线，俗称火线）连接。

插口灯座上的两个接线端子，可任意连接上述两个线头，但是螺口灯座上的接线端子，为了使用安全，切不可任意乱接，必须把中性线线头连接在连通螺纹圈的接线端子上，而把来自开关的连接线线头，连接在连通中心铜簧片的接线端子上，如图8-24所示。

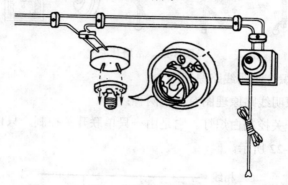

图8-24　灯座的安装

②吊灯灯座必须采用塑料软线（或花线），作为电源引线。两线连接前，均应先削去线头的绝缘层，接着将一端套入挂线盒罩，在近线端处打个结，另一端套入灯座罩盖后，也应在近线端处打个结，如图8-25所示，其目的是不使导线线芯承受吊灯的重量。然后分别在灯座和挂线盒上进行接线（如果采用花线，其中一根带花纹的导线应接在与开关连接的线上），最后装上罩盖和遮光灯罩。安装时，把多股的线芯拧绞成一体，接线端子上不应外露线芯。挂线盒应安装在木台上。

图8-25　避免线芯承受吊灯重量的方法

③平灯座要装在木台上，不可直接安装在建筑物平面上。

（2）开关的安装

①单联开关的安装。在墙上准备装开关的地方装木榫，将一根相线一根开关线穿过木台两孔，并将木台固定在墙上，同时将两根导线穿过开关两孔眼，接着固定开关并进行接线，装上开关盖子即可。单联开关内部结构如图 8-26 所示。

图 8-26　单联开关的内部结构

②双联开关的安装。双联开关一般用于两处控制一只灯的线路，其安装方法如图 8-27 所示。图中号码 1 和 6 分别为两只双联开关中连铜片的接头，该两个接头不能接错，双联开关接错时会发生短路事故，所以接好线后应仔细检查后方可通电使用。

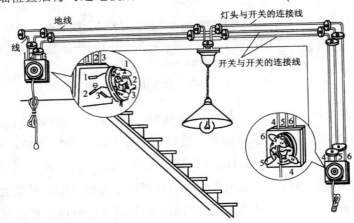

图 8-27　双联开关的安装

把电度表、电流互感器，控制开关，短路和过载保护等电器安装在同一块板上，这块板就称为配电板，如图 8-28 所示。一般总熔断器不安装在配电板上，而是安装在进户管的墙上。

2. 总熔断器盒的安装

常用的总熔断器盒分铁皮盒式和铸铁壳式。铁皮盒式分 1~4 型四个规

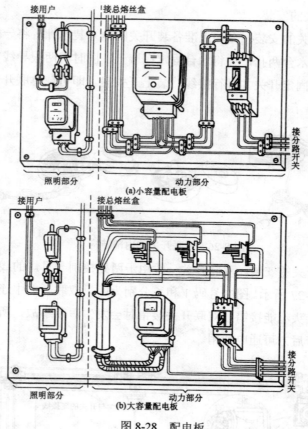

图 8-28　配电板

格，1 型最大，盒内能装三只 200A 熔断器；4 型最小，盒内能装三只 10A 或一只 30A 熔断器及一只接线桥。铸铁壳式分 10A，30A，60A，100A 或 200A 五个规格，每只内均只能单独装一只熔断器。

　　总熔断器盒有防止下级电力线路的故障蔓延到前级配电干线上而造成更大区域停电的作用，且能加强计划用电的管理（因低压用户总熔断器盒内的熔体规格，由供电单位置放，并在盖上加封）。总熔断器盒安装必须注意以下几点。

　　（1）总熔断器盒应安装在进户管的户内侧。

　　（2）总熔断器盒必须安装在实心木板上，木板表面及四沿必须涂以防火漆。安装时，1 型铁皮盒式和 200A 铸铁壳式的木板，应用穿墙螺栓或膨胀螺栓固定在建筑物墙面上，其余各种木板，可用木螺钉来固定。

　　（3）总熔断器盒内熔断器的上接线柱，应分别与进户线的电源火线连接，接线桥的上接线柱应与进户线的电源中性线连接。

（4）总熔断器盒后如安装多具电度表，则在电度表前级应分别安装分熔断器盒。

3. 电流互感器的安装

电流互感器的安装要注意如下几点：

（1）电流互感器副边标有"K1"或"＋"的接线柱要与电度表电流线圈的进线柱连接，标有"K2"或"－"的接线柱要与电度表的出线柱连接，不可接反。电流互感器的原边标有"L1"或"＋"的接线柱，应接电源进线，标有"L2"或"－"的接线柱应接电源出线，如图 8-29 所示。

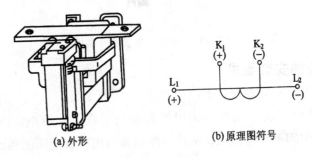

(a) 外形　　　　　(b) 原理图符号

图 8-29　电流互感器

（2）电流互感器副边的"K2"或"－"接线柱、外壳和铁心都必须可靠地接地。

（3）电流互感器应装在电度表的上方。

4. 单相电度表的安装

单相电度表共有四个接线柱，从左到右按 1，2，3，4 编号。接线方法一般按号码 1，3 接电源进线，2，4 接电源出线，如图 8-30 所示。

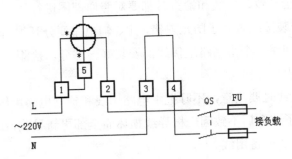

图 8-30　接线图

也有些电度表的接线方法按号码 1、2 接电源进线，3、4 接电源出线，所示具体接线方法应参照电度表接线柱盖子上的接线图。如图 8-31 所示。

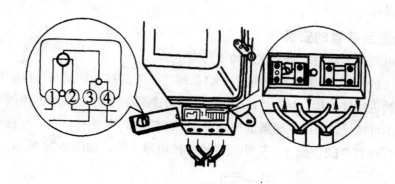

图 8-31　单相电度表的安装接线

5. 电度表的安装要求

电度表的安装要求如下：

（1）电度表总线必须采用铜芯塑料硬线，其最小截面积不得小于 1.5mm²，中间不准有接头，从总熔断器盒至电度表之间的敷设长度，不宜超过 10m。

（2）电度表总线必须明线敷设，采用线管安装时线管也必须明装。在进入电度表时，一般以"左进右出"原则接线。

（3）电度表必须安装得垂直于地面，表的中心离地高度应在 1.4~1.5m 之间。

6. 配电板的安装要求

（1）控制箱内外的所有电气设备和电气元件的编号，必须与电原理图上的编号完全一致、安装和检查时都要对照原理图进行。

（2）安装接线时为了防止差错，主、辅电路要分开先后接线，控制电路应一个小回路一个小回路地接线，安装好一部分，检测一部分，就可避免在接线中出现差错。

（3）接线时要注意，不叮把主电路用线和辅助电路用线搞错。

（4）为了使今后不致因一根导线损坏而全部更新导线，在导线穿管时，应多穿入 1～2 根备用线。

（5）配电板明配线时要求线路整齐美观，导线去向清楚，便于查找故障。当板内空间较大时可采用期料线槽配线方式，塑料线槽布置在配电板四周和电器元件上下，塑料线槽用螺钉固定在底板上。

（6）配电板暗配时，在每一个电器元件的接线端处钻出比连接导线外径略大的孔，在孔中插进塑料套管即可穿线。

（7）连接线的两端根据电气原理图或接线图套上相应的线号。线号的种类有：用压印机压在异形塑料管上的线号；印在白色塑料套管上的线号；人上书写的线号。

（8）根据接线端子的要求，将削去绝缘的导线线头按螺钉拧紧方向弯成圆环或直接接上，多股线压头处应镀上焊锡。

（9）同一接线端子上压两根以不同截面积导线时，大截面积的放在下层，小截面积的放在上层。

（10）所有压接螺栓需配置镀锌的平垫圈、弹簧垫圈，并要牢固压紧，以防止松动。

（11）接线完毕后，应根据原理图、接线图仔细检查各无器件与接线端子之间及它们相互之间的接线是否正确。

表 8-26 护套线照明线路板的安装实训内容

项目名称	子项目	内容要求	备注
护套线照明线路的安装	护套线照明线路板的安装与调试	学员按照人数分组训练： 1.护套线的放线技能 2.护套线的敷线技能 3.护套线照明电路板的调试技能	
	室内配电板的安装与调试	学员按照人数分组训练： 1.元器件的排列及固定技能 2.配电板上导线的布置及连接技能	
目标要求	能装配照明电路安装与调试		
实训环境	剥线钳、钢丝钳、尖嘴钳、螺丝刀、电工刀、扳手、测电笔、钢锯、榔头、电钻、锤子、圆木、单相电度表、刀开关、漏电保护开关、双极插座（明装）、螺口平灯头、瓷插式熔断器、挂线盒、塑料护套线、、铝线卡、木螺钉、小铁钉		
其他			

7. 护套线照明线路板的安装与调试

演练步骤：

（1）定位划线，固定钢精轧头。

（2）敷设导线，各线头做好记号。

（3）木台划线、削槽、钻眼。

（4）固定木台，安装元件和接线。

（5）检查线路。

8. 室内配电板的安装与调试：

演练步骤：

（1）根据电器元件的排列确定盘面尺寸。

（2）进行电器元件的定位划线及钻孔。

（3）在配电板上安装各电器元件，敷设各电器元件间的连接导线。

（4）线路安装好后，仔细检查线路正确与否。无误，则通电试验。

9. 项目评价（表 8-27 和表 8-28）

表 8-27 项目评价（一）

评分内容	评分标准	配分	得分
护套线配线	护套线敷设不平直，每根扣 5 分；导线剖削损伤，每处扣 5 分；钢精轧头（或线卡）安装不符要求，每处扣 2 分	30	
线路及元器件安装	术台、灯座、开关等元件安装松动、不规范、每处扣 5 分；导线连接、压接不规范.每处扣 2 分；火线未进开关扣 10 分；一次通电不成功扣 20 分	50	
团结协作	小组成员分工协作不明确扣 5 分；成员不积极参与扣 5 分	10	
安全文明生产	违反安全文明操作规程扣 5-10 分	10	
项目成绩合计			
开始时间	结束时间		所用时间
评语			

表 8-28 项目评价（二）

评分内容	评分标准	配分	得分
安装设计	绘制电路图不正确，扣 10 分	20	
线路的安装	元器件布置不合理，扣 5 分；灯座、开关、插座等安装松动，每处扣 5 分；电气元件损坏，每个扣 10 分；相线未进开关，扣 10 分；导线安装不符台要求，每根扣 2 分；线芯剥削时损伤，每处扣 2 分；电能表安装不符合要求，扣 10 分；熔丝选择不符合要求，扣 5 分	40	
通电试验	安装线路错误造成短路、断路故障，每通电发生一次扣 10 分，扣完 20 分为止	20	
团结协作	小组成员分工协作不明确扣 5 分；成员不积极参与扣 5 分	10	
安全文明生产	违反安全文明操作规程扣 5～10 分	10	
项目成绩合计			

开始时间		结束时间		所用时间	
评语					

南开大学出版社网址：http://www.nkup.com.cn

投稿电话及邮箱：　022-23504636　　QQ：1760493289
　　　　　　　　　　　　　　　　　　QQ：2046170045(对外合作)
邮购部：　　　　　022-23507092
发行部：　　　　　022-23508339　　Fax：022-23508542

南开教育云：http://www.nkcloud.org

App：南开书店 app

　　南开教育云由南开大学出版社、国家数字出版基地、天津市多媒体教育技术研究会共同开发，主要包括数字出版、数字书店、数字图书馆、数字课堂及数字虚拟校园等内容平台。数字书店提供图书、电子音像产品的在线销售；虚拟校园提供 360 校园实景；数字课堂提供网络多媒体课程及课件、远程双向互动教室和网络会议系统。在线购书可免费使用学习平台，视频教室等扩展功能。